Syed Mubashar Hussain Gardazi
Tayyab Ashfaq
Muhammad Bilal

Adsorção para a remoção de corantes: Estado atual e perspectivas futuras

Syed Mubashar Hussain Gardazi
Tayyab Ashfaq
Muhammad Bilal

Adsorção para a remoção de corantes: Estado atual e perspectivas futuras

Remoção de corantes de águas residuais utilizando adsorventes económicos

ScienciaScripts

Cover image: www.ingimage.com

This book is a translation from the original published under ISBN 978-3-659-85396-8.

Publisher:
Sciencia Scripts
is a trademark of
Dodo Books Indian Ocean Ltd. and OmniScriptum S.R.L publishing group

120 High Road, East Finchley, London, N2 9ED, United Kingdom
Str. Armeneasca 28/1, office 1, Chisinau MD-2012, Republic of Moldova, Europe
Printed at: see last page
ISBN: 978-620-8-32915-0

Índice:

Syed Mubashar Hussain Gardazi Tayyab
Ashfaq Muhammad Bilal

Adsorção para a remoção de corantes: Estado atual e perspectivas futuras

Remoção de corantes de águas residuais utilizando adsorventes económicos

Adsorção para a remoção de corantes: Estado atual e perspectivas futuras

Remoção de corantes de águas residuais utilizando adsorventes económicos

Sr. Syed Mubashar Hussain Gardazi
MS.
Estudante de doutoramento em
Ciências do Ambiente
Instituto COMSATS de Tecnologia da Informação Abbottabad, Paquistão
Dr. Tayyab Ashfaq
Professor Assistente, Departamento de Engenharia Civil
, Universidade de Hail, Arábia Saudita.
Dr. Muhammad Bilal
Professor Assistente do Departamento de Ciências Ambientais
do COMSATS Institute of Information Technology Abbottabad KP, Paquistão

Agradecimentos

Os autores estenderam os seus agradecimentos ao COMSATS Institute of Information Technology Abbottabad Pakistan, sem o qual este trabalho não teria sido possível. O Instituto disponibilizou o espaço e as instalações do laboratório de adsorção. A maior parte da informação apresentada nesta monografia foi acumulada com base na experiência de investigação e na análise da literatura dos últimos quatro anos no referido Instituto. De igual modo, os autores também estão em dívida para com a Comissão de Ensino Superior do Paquistão pelo financiamento do projeto de investigação n.º 20-1915/R & D/105753.

Capítulo 1

1. Introdução

A história dos corantes recentes remonta à década de 1850, quando o primeiro corante sintético foi fabricado (anilina "Mauve", um corante básico) por Parkin (Venkataraman 1965, Hunger 2003) e a sua produção à escala comercial levou a uma diminuição proeminente da utilização de corantes naturais (Houbhouse 1985). Até ao século XIX, os principais agentes corantes conhecidos, ou seja, o material de solda, a fustic madder, kermes, lac, índigo, noz e cutch, eram preparados a partir de fontes naturais como insectos e plantas. Estima-se que mais de 100.000 corantes estejam disponíveis comercialmente com uma produção anual aproximada de 7 x 10^5 toneladas (Robinson, McMullan et al. 2001, Pearce, Lloyd et al. 2003, Husain 2006). Os corantes azóicos representam 60% a 70% da produção total (Khehra, Saini et al. 2006, Hai, Yamamoto et al. 2008). A classificação dos corantes baseia-se na sua estrutura (Hunger 2003) e na sua aplicação, sendo os principais grupos de corantes os corantes básicos, ácidos, reactivos, diretos, dispersos e de cuba (Christie 2007) (Fig. 1, Quadro 1.1). As moléculas de corante possuem cromóforos (o componente que dá cor), que absorvem a luz na gama do espetro visível de 400 a 700 nm (Abrahart 1977). Para além dos cromóforos, a maioria dos corantes também contém auxocromos (Gupta e Suhas 2009), cujos componentes corantes reflectem uma afinidade com vários substratos (por exemplo, ácido carboxílico, ácido sulfónico, grupo hidroxilo e amino) e a sua presença pode influenciar a solubilidade do corante. Uma parte (5-10 %) dos corantes aplicados perde-se nos efluentes que poluem os ambientes aquáticos (McMullan, Meehan et al. 2001, Toh, Yen et al. 2003).

Em consequência da descarga de águas residuais coloridas não tratadas (CW) ou de águas residuais contendo corantes em habitats aquáticos, foi registada uma grave deterioração da qualidade da água (Verma, Dash et al. 2012). Os efluentes têxteis contêm corantes orgânicos complexos com pesos moleculares mais elevados, que têm baixa biodegradabilidade (Hsu e Chiang 1997, Pala e Tokat 2002, Forgacs, Cserhati et al. 2004, Gao, Yue et al. 2007) e alta estabilidade à luz, calor e agentes oxidantes (Sun e Yang 2003).

Tabela 1.1: Diferentes classes de corantes

Aula de tingimento	Descrição	Exemplo típico de corantes
Ácido	Compostos aniónicos solúveis em água	Vermelho sólido A (vermelho ácido 88)
Básico	Solúvel em água, aplicado em banhos de tinta fracamente ácidos; corantes muito brilhantes	Azul de metileno (azul básico 9)
Direto	Compostos aniónicos solúveis em água; podem ser aplicados diretamente em materiais celulósicos sem mordentes	Vermelho Congo (vermelho direto 28)
Dispersar	Não solúvel em água	Laranja dispersa 25
Reativo	Compostos aniónicos solúveis em água; a maior classe de corantes	Amarelo reativo 15

Enxofre	Compostos orgânicos que contenham enxofre ou sulfureto de sódio	Violeta de enxofre 5
Cubas	Insolúveis em água; corantes mais antigos; quimicamente mais complexos	Cuba azul 4

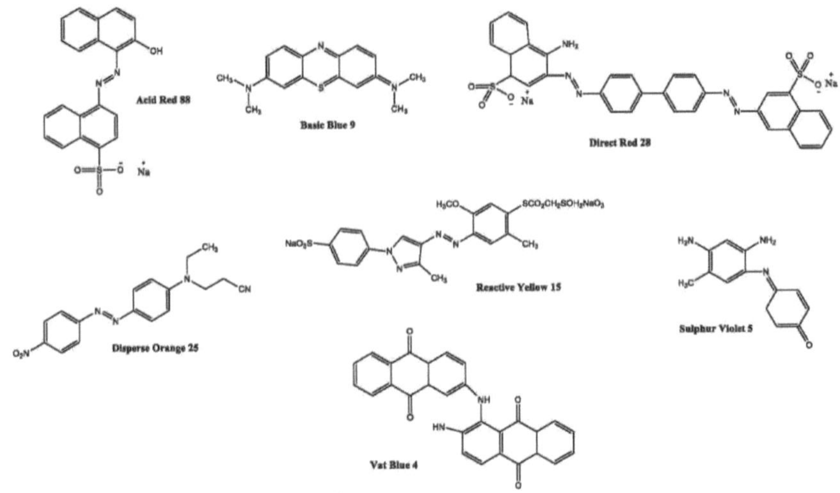

Figura 1: Estrutura de corantes de diferentes classes

Os produtos de degradação dos corantes são citotóxicos por natureza (O'Neill, Lopez et al. 2000, Bhaskar, Gnanamani et al. 2003, Ulson de Souza, Forgiarini et al. 2007) com carcinogenicidade estabelecida (Pinheiro, Touraud et al. 2004, Zhang, O'Hara et al. 2013). A ingestão de corante azul de metileno por seres humanos resulta em doenças respiratórias, diarreia e queimaduras oculares (Cengiz e Cavas 2008, ALzaydien 2009). Diferentes grupos funcionais e subprodutos gerados a partir da degradação de vários corantes são extremamente tóxicos para a vida aquática (Ertugrul, San et al. 2009). O comprometimento grave da atividade fotossintética nas plantas e a mutagenicidade nos animais estão bem estabelecidos (Rafatullah, Sulaiman et al. 2010).

A regulamentação ambiental mundial tem como objetivo minimizar os danos causados pelos corantes e limitou a aceitação de águas residuais contaminadas com corantes (Robinson, McMullan et al. 2001). Durante as últimas décadas, várias técnicas têm sido utilizadas para a descoloração e o tratamento de CW dentro do intervalo aceitável para os reguladores (Ghoreishi e Haghighi 2003, Mondal 2008). No entanto, a remoção de corantes mediada por adsorção é considerada uma candidata ideal devido à sua eficácia em águas residuais diluídas e à garantia de segurança ambiental (Ho e McKay 2003, Crini 2006, Sulak, Demirbas et al. 2007, Jalil, Triwahyono et al. 2010). Atualmente, muitos sistemas comerciais utilizam carvão ativado (CA) como adsorvente para o tratamento de águas residuais. A USEPA citou a adsorção de CA como uma das mais adequadas entre as tecnologias disponíveis para a CW (Moreno-Castilla 2004, Jesus, Romao et al. 2011). Embora a CA seja o adsorvente preferido, o seu custo de produção mais elevado delimita a sua utilização generalizada (Crini 2006). Por conseguinte, estão a ser feitos esforços para descobrir adsorventes alternativos baratos. Os diferentes adsorventes de baixo custo incluem os resíduos naturais, florestais e agrícolas, os micróbios e os materiais industriais, que estão a ser utilizados em sistemas de tratamento de águas residuais contendo corantes (Fig. 2). O presente estudo tem como objetivo identificar as lacunas de investigação na aplicação de diferentes métodos de remoção de corantes, especificamente adsorventes para o tratamento de várias águas residuais contendo corantes ou águas residuais coloridas (CW).

Capítulo 2

2. Métodos de tratamento de águas residuais que contêm corantes

2.1. Métodos químicos

O método mais comummente utilizado é o tratamento químico para a remoção da cor das águas residuais devido à simplicidade das suas aplicações. O principal agente de oxidação é o H2O2 (peróxido de hidrogénio), que precisa de ser ativado por alguns meios, como a modificação química ou assistida por UV (Robinson, McMullan et al. 2001). O processo de oxidação química utiliza o cloro, o reagente de Fenton, o peróxido de hidrogénio, o permanganato de potássio ou o ozono como material para o tratamento de águas residuais, especialmente após a etapa de sedimentação. O processo de tratamento químico envolve a adição de iões Ca^{2+} , Al^{3+} , e Fe^{3+} à água contaminada com corantes, o que induz a floculação. Para além destes agentes, foram também utilizados outros agentes (Mishra e Bajpai 2006, Yue, Gao et al. 2008) para o processo de tratamento químico e podem ser utilizados em combinação para a escalabilidade do processo (Wang, Chen et al. 2007). O custo elevado é um dos principais factores limitantes do tratamento químico dos corantes. No entanto, é economicamente viável para a remoção promissora de corantes de cuba, dispersos e de enxofre (Gupta e Suhas 2009). Outro fator importante que limita o processo é a sua dependência do pH e a geração de grandes quantidades de lamas. O processo não dá um resultado satisfatório para corantes altamente solúveis como azo, corantes básicos reactivos e corantes ácidos (Lee, Choi et al. 2006, Hai, Yamamoto et al. 2007).

Os métodos químicos incluem a coagulação ou a floculação combinadas com a flutuação e a filtração, a precipitação, a electroflotação, a coagulação eletrocinética, os métodos convencionais de oxidação por agentes oxidantes como o ozono, a irradiação ou os processos electroquímicos. Embora os corantes sejam completamente removidos por estes processos, estes são dispendiosos e também causam a acumulação de lamas concentradas, o que cria problemas de eliminação. A utilização excessiva de produtos químicos cria problemas de poluição secundária. A coagulação inclui a utilização de produtos químicos adequados que, através de uma reação química, formam um produto final insolúvel. Através deste produto, substâncias como os corantes do efluente das águas residuais podem ser removidas. Os coagulantes geralmente utilizados são o alúmen e o cloreto férrico, etc. Embora pequenas partículas coloidais possam ser removidas por coagulação electro-cinética, esta não é adequada para todos os tipos de corantes. Recentemente, novas técnicas emergentes, conhecidas como processos de oxidação avançados, que se baseiam na geração de agentes oxidantes muito poderosos, como os radicais hidroxilo, têm sido aplicadas com sucesso para a degradação de poluentes. A reação de Fenton utiliza peróxido de hidrogénio (H2O2) em solução ácida para formar radicais hidroxilo e descolorir uma vasta gama de corantes. Esta reação é utilizada principalmente como pré-tratamento de águas residuais tóxicas para o tratamento biológico. No entanto, estes métodos são dispendiosos e comercialmente pouco atractivos. Os problemas comuns destes métodos são a elevada necessidade de energia e o consumo de reagentes químicos.

2.2. Métodos biológicos

Os métodos biológicos são uma técnica de degradação comum e amplamente difundida utilizada para efluentes de corantes têxteis. Vários investigadores estão a considerar a capacidade de fungos, bactérias e algas para a remoção de corantes azóicos. A literatura relata a capacidade de culturas puras para a descoloração de corantes azóicos, mas a heterogeneidade dos componentes dos efluentes têxteis, que depende do calendário de produção, é um fator limitante para a sua ampla utilização no sistema de tratamento de efluentes industriais. A descoloração de corantes por estirpes bacterianas foi normalmente iniciada por ligações azo anaeróbicas catalisadas por azoredutase, que foram seguidas pela decomposição anaeróbica ou aeróbica de aminas aromáticas secundárias por uma cultura bacteriana mista (Sponza e Isik 2005). Geralmente, a decomposição do contaminante é conseguida mais frequentemente por um consórcio ativo de micróbios em comparação com uma única espécie em funcionamento, uma vez que a aplicação no terreno da espécie tem uma capacidade limitada para mostrar o desempenho máximo do tratamento devido à competição representada na população nativa, que está bem adaptada à situação existente (Chen, Chen et al. 2006). A ligação azo fundada sofre uma quebra redutora, enquanto as aminas aromáticas resultantes são degradadas em ambiente aeróbio. Assim, a comunidade microbiana adoptada como parte do procedimento de tratamento deve ser capaz de trabalhar tanto em situação aeróbia como anaeróbia para conseguir a degradação completa da molécula de corante (Khehra, Saini et al. 2005). Vários estudos referem que a biorremediação da molécula de corante efectuada por redução anaeróbia resultou em duas aminas aromáticas na primeira fase, enquanto que na segunda fase a digestão aeróbia das aminas resultantes numa comunidade microbiana mista de bactérias, o que leva à mineralização completa. É conhecido por ser o processo de tratamento biológico convencional para a remoção de corantes da água. Recentemente, foram desenvolvidos mecanismos mais avançados para melhorar a tecnologia. A literatura (Sarayu e Sandhya 2012) apresentou boas caraterísticas sobre o tratamento biológico de efluentes de resíduos têxteis. Nos últimos anos, vários estudos têm-se centrado em alguns microrganismos, que são biodegradadores e biossorventes de corantes de águas residuais. Uma grande variedade de microrganismos capazes de descolorir uma vasta gama de corantes inclui algumas bactérias, fungos e leveduras.

Geralmente, factores como a quantidade de corante, o pH inicial e a temperatura das águas residuais afectam o processo de degradação do corante. Embora esta metodologia seja competitiva em termos de custos e os tratamentos biológicos sejam adequados para uma variedade de corantes, as principais desvantagens do tratamento biológico são a menor flexibilidade na conceção e operação, a baixa biodegradabilidade dos corantes, a necessidade de uma maior área de terreno e os tempos mais longos necessários para os processos de degradação, tornando-o assim incapaz de remover corantes de efluentes numa base contínua em fermentações no estado líquido (Robinson, McMullan et al. 2001).

2.3. Métodos físicos

São utilizados vários métodos físicos diferentes, como os processos de filtração por membranas (osmose inversa, eletrodiálise, nanofiltração) e várias técnicas de adsorção e de permuta iónica. O processo de separação por membranas utiliza os microporos da membrana para filtrar e faz uso da permeabilidade selectiva da membrana para separar certas substâncias nas águas residuais. Atualmente, o processo de separação por membrana é frequentemente utilizado para o tratamento de águas residuais de tinturaria com base na pressão da membrana, como a osmose inversa, a ultrafiltração, a nanofiltração e a microfiltração. A principal desvantagem associada aos processos de filtração por membrana é o tempo de vida limitado, o problema de incrustação da membrana e o custo da substituição periódica. Por conseguinte, deve ser incluída em qualquer análise da sua viabilidade económica.

O processo de adsorção é amplamente utilizado para a remoção de corantes de águas residuais. O termo adsorção pode ser definido como a adesão dos contaminantes da fase líquida, gasosa ou sólida dissolvida na superfície do adsorvente. A adsorção pode ser de dois tipos. Se a atração entre a superfície do adsorvente e a molécula do contaminante se der por forças fracas de van der Waals, a adsorção é designada por fisissorção, que é reversível. Por outro lado, as forças de atração devidas a ligações químicas são designadas por quimisorção. As espécies quimisorvidas são difíceis de remover da superfície do adsorvente devido à maior força de ligação. A vantagem do processo de adsorção em relação a outros métodos de remoção de corantes de águas residuais coloridas é que os processos de adsorção são geralmente não específicos e podem ser utilizados para remover ou minimizar uma grande variedade de poluentes. São também dos mais eficazes e fáceis de utilizar, pelo que apresentam uma aplicabilidade mais alargada. As desvantagens do processo de adsorção são que a recuperação do produto requer um processo específico de destilação ou extração dispendioso e que o adsorvente deteriora a sua capacidade à medida que o número de ciclos aumenta. A aplicação do processo de adsorção é analisada nos capítulos seguintes.

Capítulo 3

3. Aplicação da adsorção no tratamento de águas residuais contendo corantes

A adsorção ganhou atração no tratamento do corante CW em comparação com outras técnicas devido à disponibilidade a granel de adsorventes, sendo mais barata, maior capacidade de absorção de corante, robustez e ciclos de dessorção económicos e excelente resistência à ação degenerativa de um contaminante alvo (Gupta e Saleh 2013). Tal como referido no capítulo anterior, as tecnologias para além da adsorção têm muitas desvantagens, como o elevado custo energético, a produção de subprodutos de oxidação, a necessidade de regeneração durante a permuta iónica, o problema da produção de lamas tóxicas a granel relacionado com os métodos de coagulação por floculação, a curta meia-vida na ozonização e a produção de lamas concentradas e a incrustação durante o processo de filtração por membrana (Chuah, Jumasiah et al. 2005). A adsorção é composta por processos físicos e químicos, que são diferenciados com base na natureza físico-química da atração entre a superfície do adsorvente e o adsorvato, respetivamente. Na adsorção física (fisissorção), as forças de atração entre as moléculas adsorvidas e a superfície sólida são forças de van der Waals fracas, que asseguram uma dessorção bem sucedida. A atração intermolecular tem lugar entre locais de energia favorável. É independente das propriedades electrónicas das moléculas do adsorvente e do adsorvato. Além disso, a fisissorção pode ser mono ou multicamada, é um processo reversível e diminui principalmente com o aumento da temperatura.

Enquanto a quimissorção é um processo monocamada e geralmente irreversível, específico do local e dependente do aumento da temperatura. A quimisorção envolve uma troca de electrões entre locais específicos da superfície e moléculas de soluto, resultando na formação de ligações químicas fortes. Requer uma temperatura muito elevada para ser dessorvida, que pode ser alterada. As formas acima referidas podem também interagir entre si durante o processo de adsorção. A adsorção de moléculas orgânicas apresenta uma grande variedade de energias de ligação. As energias mais baixas estão normalmente associadas à fisissorção e as energias mais elevadas estão associadas à quimissorção. No entanto, é geralmente muito difícil distinguir entre a fisissorção e a quimissorção. A adsorção do corante depende do tipo de química da superfície do adsorvente e das propriedades do corante (Noroozi, Sorial et al. 2007). Um adsorvente superior é caracterizado por uma estrutura porosa (área de superfície melhorada) e demora menos tempo a atingir o equilíbrio de adsorção a um pH e temperatura específicos. A capacidade de adsorção do adsorvente é a quantidade de adsorvato que pode ser acumulada, prevista e calculada por cinética química e isotérmicas de adsorção (Gupta e Suhas 2009). As isotérmicas de adsorção são relações de equilíbrio a temperatura constante entre a quantidade de adsorvato por unidade de adsorvente e a sua concentração na solução de equilíbrio. As isotérmicas de Langmuir e de Freundlich estão entre os vários modelos que descrevem o comportamento de adsorção.

O presente estudo apresentou diferentes materiais, que têm sido utilizados nas últimas décadas para a remoção de corantes através da adsorção de águas residuais. Neste contexto, estes materiais adsorventes foram divididos em várias categorias de acordo com a semelhança do seu tipo, natureza, fonte de origem e processo de síntese. A Fig. 2 representa os adsorventes para a remoção de corantes que são principalmente classificados em carvão ativado, material natural, biossorventes e resíduos industriais. O carvão ativado utilizado para a remoção do corante pode ainda ser classificado como carvão ativado disponível no mercado (CAC), bem como o preparado em laboratório (LAC). O material natural provém de fontes naturais de rochas e argilas como a bentonite, a zeolite, a diatomite, etc. Os biossorventes foram obtidos a partir de fontes vivas. Os biossorventes são ainda classificados como biomassa não viva, que são as partes mortas do corpo vivo (ou seja, quitosano, penas de lula, cabelo humano, etc.), biomassa florestal e agrícola (partes de plantas e subprodutos agrícolas), e biomassa de algas, fungos, esgotos e leveduras. Os adsorventes de resíduos industriais podem provir de várias fontes, como lamas inorgânicas e resíduos de construção. O capítulo seguinte explica a aplicação destes adsorventes de várias origens.

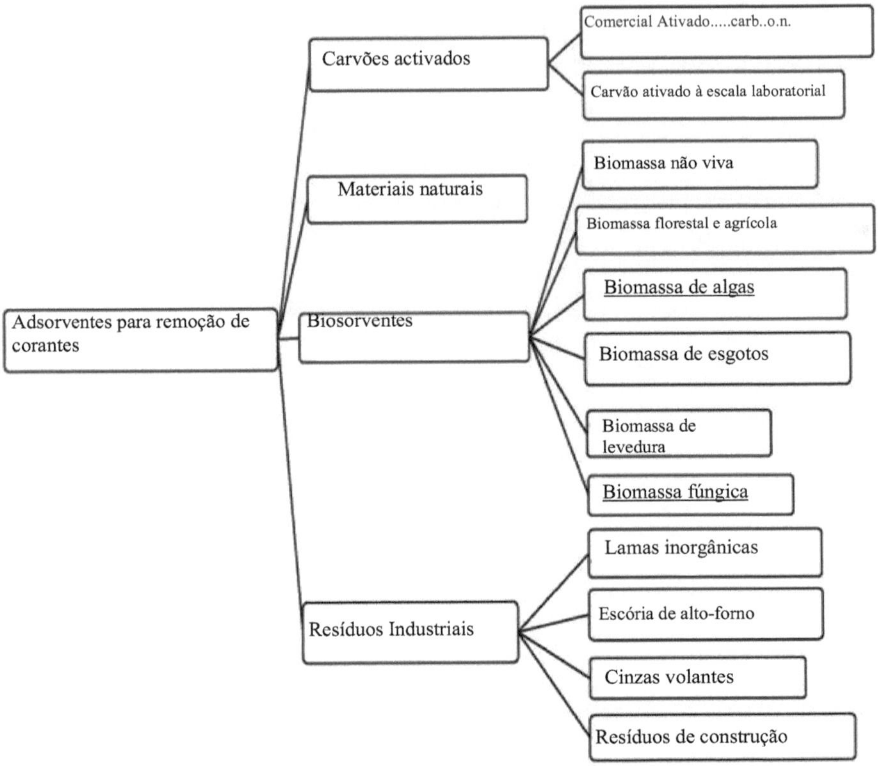

Fig. 2: Diferentes fontes de adsorventes para a remoção de corantes

Capítulo 4

4. Carvão ativado

O carvão ativado (CA) é amplamente utilizado para a remoção de corantes em águas residuais. A formação de electrões de valência na extremidade dos átomos de carbono atrai os contaminantes e é uma das caraterísticas peculiares do carbono poroso (Gupta e Saleh 2013). O CA é o mais antigo adsorvente conhecido, geralmente feito de carvão, madeira, coco e serradura, que são activados fisicamente (Carrott, Carrott et al. 2003, Lillo- Rodenas, Marco-Lozar et al. 2007) e quimicamente (Phan, Rio et al. 2006). A ativação física requer temperaturas elevadas e uma duração mais longa do que a ativação química, que exige uma lavagem completa com produtos químicos como o ácido nítrico, o ácido sulfúrico e o peróxido de hidrogénio, o que resulta na alteração da morfologia da superfície e dos grupos funcionais. A ativação do carbono envolve um certo grau de oxidação e de desenvolvimento e melhoria da estrutura porosa (Salleh, Mahmoud et al. 2011), o que leva a um aumento da área de superfície que varia entre 500-2000 m g^{2-1} (Carrott, Carrott et al. 1991). A reutilização cíclica do CA após técnicas térmicas, electroquímicas, de micro-ondas, de oxidação e muitas outras técnicas regenerativas é uma das suas qualidades notáveis em comparação com outros adsorventes (San Miguel, Lambert et al. 2001, Okawa, Suzuki et al. 2007, Luo e Zhang 2009, Muranaka, Julcour et al. 2009). O carvão ativado granular (CAG) e o carvão ativado em pó (CAP) estão normalmente disponíveis em duas formas. O CAG preparado a partir de material sólido é aplicável à maior parte da remoção de poluentes das águas residuais devido à sua maior adaptabilidade ao contacto contínuo e à fácil separação do fluido a granel (Gupta e Suhas 2009). No entanto, a difusão lenta intrapartícula é a principal desvantagem encontrada na aplicação de CAG para o tratamento de águas residuais (Salleh, Mahmoud et al. 2011). O CAP obtido a partir da matéria-prima tem um tamanho de partícula pequeno e é normalmente misturado com a solução a ser tratada e depois eliminado após a sua separação da mistura como requisito de pós-tratamento. O CAP é de baixo custo e requer menos tempo de contacto devido à grande superfície externa (Najm, Snoeyink et al. 1992) e à menor distância de difusão (Abdullah, Tan et al. 2011). A palete de CA e a fibra de carbono ativado (FAC) são duas outras formas de CA, fabricadas a partir do carvão e de materiais poliméricos (Gupta e Suhas 2009). O custo mais elevado da produção e da regeneração do CA limitou a sua utilização generalizada, uma vez que a regeneração exige uma série de tratamentos durante o processo de purificação da água, tais como térmico, oxidação, químico e eletroquímico (Kilduff e King 1997, Liu, Sun et al. 2004, Taiwo e Adesina 2005, Weng e Hsu 2008). Após a adsorção, o CA torna-se mais tóxico, o que exige um manuseamento cuidadoso e a sua eliminação segura acaba por aumentar os custos. Além disso, as tecnologias rentáveis para produzir CA de boa qualidade ainda não foram exploradas nos países em desenvolvimento (Robinson, Chandran et al. 2002, Srivastava, Mall et al. 2007, Amin 2009).

Recentemente, foram feitas tentativas para desenvolver CA de alta qualidade (Ali e Gupta 2007, Tan, Ahmad et al. 2008, Thinakaran, Panneerselvam et al. 2008, Wang 2012) e os adsorventes alternativos de baixo custo para superar essas restrições. O CA de resíduos de chá reflecte capacidades de adsorção óptimas de 453,12 mg g^{-1} e 554,3 mg g^{-1} a 30°C em 120 minutos para os corantes azul ácido 29 e azul de metileno, respetivamente (Auta e Hameed 2011) e o processo de adsorção de ambos os corantes obedece ao modelo de Langmuir e à cinética de ordem de pseudosegundo. O CA à base de casca de romã apresentou uma adsorção máxima do corante azul direto 106 a um pH ácido (2) (Amin 2009). Do mesmo modo, a adsorção de verde ácido 25 pelo CA-Ananas *comosus* revelou que se tratava de um processo espontâneo com uma remoção inicial de 182,6 mg g^{-1} com capacidade aumentada a temperaturas mais elevadas (Parimalam, Raj et al. 2012). O carbono da casca de bael (*Aegle marmelos*) reflectiu a melhor remoção do corante vermelho congo (Ahmad e Kumar 2010) a pH 5,7, 7 e 8, seguindo uma cinética de pseudo-segunda ordem, enquanto a pH 9 o modelo de Freundlich se ajustou bem à adsorção e apresentou uma cinética de primeira ordem. Além disso, a preparação de CA (para além do disponível comercialmente) a partir de resíduos sólidos, tais como cascas de arroz (Kannan e Sundaram 2001, Guo, Yang et al. 2003, Malik 2003, Mohamed 2004), pó de serra (Malik 2004), bagaços (Chou, Tsai et al. 2001, Valix, Cheung et al. 2004), cascas de sementes de algodão (Thinakaran, Panneerselvam et al. 2008), medula de fibra de coco (Namasivayam e Kavitha 2002, Kavitha e Namasivayam 2007), cascas de algodão de seda (Kadirvelu, Kavipriya et al. 2003), espiga de milho e espiga de milho (Kadirvelu, Kavipriya et al. 2003), casca de coco (Tan, Ahmad et al. 2008), serradura de coqueiro (Kadirvelu, Kavipriya et al. 2003), flor de coqueiro (Senthilkumaar, Kalaamani et al. 2006), casca de laranja (Nemr, Abdelwahab et al. 2009), lamas de resíduos de carbono e escórias do alto forno também podem ser uma fonte alternativa potencial (Jain, Gupta et al. 2003).

O CA à base de lamas de águas residuais urbanas também foi utilizado para ultrapassar o elevado custo do CA disponível comercialmente para o tratamento de águas residuais (Martin, Artola et al. 2003). O CA à base de lamas é de natureza mesoporosa, com uma área superficial de 253 m^2 g^{-1} e um diâmetro médio de poros de 2,3 nm, o que demonstrou a capacidade de absorção de quatro corantes, ou seja, vermelho direto 89, castanho ácido 283, preto direto 168 e vermelho 46, a partir de soluções aquosas. O Chemviron, AC é microporoso com uma área de superfície média de 1026 m^2 g^{-1} e um diâmetro de 1,8 nm. A melhor capacidade do CA (Quadro 4.1 e Quadro 4.2) para a remoção direta e ácida de corantes é atribuída à sua distribuição mais ampla do tamanho dos poros, em comparação com o CAC. Além disso, os grupos funcionais ácidos presentes no CA também desempenham um papel fundamental no grau de adsorção, dependendo do pH da solução (El Qada, Allen et al. 2006). Os materiais carbonosos preparados a partir de lamas de depuração através de ativação química (Rio, Faur-Brasquet et al. 2005) apresentaram uma remoção máxima de fenol, ião cobre e corantes (violeta básico 4 e vermelho ácido 18) da solução, bem como de compostos orgânicos voláteis da fase gasosa. No entanto, tendo em conta o custo energético do processo e o maior rendimento em massa, a condição mais favorável para a remoção óptima de corantes foi a utilização de 1,5 g de H2SO4 por g de lamas a 700°C durante 14 5min. A celulose magnética/Fe3O4/carvão ativado foi observada como um adsorvente promissor para o corante vermelho congo com um baixo custo e uma separação fácil num campo magnético. Estes adsorventes revelaram caraterísticas super paramagnéticas, que puderam ser descritas pelo processo magnético, enquanto o modelo cinético de pseudo-segunda ordem foi o que melhor se ajustou ao processo de adsorção (Zhu, Fu et al. 2011). Para além da remoção eficaz de diferentes tipos de corantes (Pelekani e Snoeyink 2000, Al-Degs, Khraisheh et al. 2001, Mohamed 2004), o CA também adsorve espécies metálicas divalentes (Gabaldon, MARZAL et al. 2000, Kadirvelu, Kavipriya et al. 2003, Bilal, Shah et al. 2013), substâncias húmicas, compostos orgânicos e muitos outros produtos químicos (Carrott, Ribeiro Carrott et al. 2000, Malhas, Abuknesha et al. 2002).

Tabela 4.1: Capacidades de adsorção do carvão ativado comercialmente disponível (AC), carvão ativado granular (GAC), carvão ativado em pó (PAC) para diferentes corantes/agentes corantes com várias condições óptimas.

Adsorventes	Tipo de corante	Superfície (m2 g-1)	Área de adsorção Capacidade(mg g-1)	Tempo de contacto	pH	Fonte
AC-Carvão vegetal (triturado)	Azul ácido (azul polar)	-	100.9	21 dias	-	(Choy, McKay et al. 1999)
AC-Carvão vegetal (triturado)	Amarelo ácido	-	128.8	21 dias	-	(Choy, McKay et al. 1999)
AC-Carvão vegetal (triturado)	Vermelho ácido 114	-	101	21 dias	-	(Choy, McKay et al. 1999)
CAC Aldrich	Vermelho reativo X6BN sandoz	-	163	24 h	7	(Oliveira, Goncalves et al. 2007)
Feltro CAC KF1500 (Toyobo Co.)	Azul básico 9	1480	300	2 h	-	(Okada, Yamamoto et al. 2003)

Fibra CAC FE400 (Toho Rayon Co.)	Azul básico 9	1010	170	2 h	-	(Okada, Yamamoto et al. 2003)
CAC granulado Wako (Wako pure chemicals)	Azul básico 9	1150	260	2 h	-	(Okada, Yamamoto et al. 2003)
CAC Merck Em pó	Verde básico 4 (verde malaquite básico)	765	222.22	15 min	-	(Malik, Ramteke et al. 2007)
Chemviron F-400 (Granulado)	Vermelho básico 22	-	720	21 dias	-	(Allen, Gan et al. 2003)
Chemviron F-400 (Granulado)	Amarelo básico 21	-	860	21 dias	-	(Allen, Gan et al. 2003)
AC comercial (E. Merck Índia)	Azul básico 9 (azul de metileno)	-	980.3	90 min	7.4	(Kannan e Sundaram 2001)

Adsorventes	Tipo de corante	Superfície (m2 g-1)	Área de adsorção capacidade (mg g-1)	Tempo de contacto	pH	Fonte
Filtrasorb 400 (Calgon Corporação)	Castanho direto 1 (C.I.N.° 30110)	-	7.69	400 min	7 7.2	(Venkata Mohan, Chandrasekh ar Rao et al. 2002)

Filtrasorb 400 (Chemviron Carbon UK)	Remazol reativo Amarelo dourado,	1100	1111	21 dias	5-6	(Al-Degs, Khraisheh et al. 2000)
Filtrasorb 400 (Chemviron Carbon UK)	Vermelho de remazol reativo,	1100	400	21 dias	5-6	(Al-Degs, Khraisheh et al. 2000)
Filtrasorb 400 (Chemviron Carbon UK)	Reativo remazol preto B	1100	434	21 dias	5-6	(Al-Degs, Khraisheh et al. 2000)
Filtrasorb F 400	Azul ácido 80	1200	112.3	21 dias	-	(Choy, Porter et al. 2000)
Filtrasorb F 400	Vermelho ácido 114	1200	103.5	21 dias	-	(Choy, Porter et al. 2000)
Filtrasorb F 400	Amarelo ácido 117	1200	155.8	21 dias	-	(Choy, Porter et al. 2000)
GAC (Miloje Zakic)	Corante básico Maxilon goldgelb GL CE	-	159.0	4-10 dias	-	(Meshko, Markovska et al. 2001)
GAC (Miloje Zakic)	Corante básico Maxilon. preto FBL-01	-	309.2	4-10 dias	-	(Meshko, Markovska et al. 2001)
CAG Filtrasorb 400 (Chemviron Carbon UK)	Azul ácido 40 (CI 62125)	1100	57.47	90 min	1	(Özacar e Sengil 2002)
CAG Filtrasorb 400 (Chemviron Carbon UK)	Amarelo ácido 17 (C.I. 10310)	1100	133.3	90 min	1	(Özacar e Sengil 2002)

Adsorventes	Tipo de corante	Superfície $(m^2 g)^{-1}$	Área de adsorção Capacidade (mg g-1)	Tempo de contacto	pH	Fonte
PAC Chemviron GW	Castanho ácido 283	1026	22	2 h	5-9	(Martin, Artola et al. 2003)
PAC Chemviron GW	Vermelho básico 46	1026	106	2 h	5-9	(Martin, Artola et al. 2003)
PAC Chemviron GW	Preto direto 168	1026	18.7	2 h	5-9	(Martin, Artola et al. 2003)
PAC Chemviron GW	Vermelho direto 89	1026	8.4	2 h	5-9	(Martin, Artola et al. 2003)
NORIT-GAC 830	Azul de metileno (azul básico 9)	976	83.3	8 h	-	(Toniazzo, Fierro et al. 2013)
CAC-Merk Alemanha	Vermelho reativo 120		267.2	2 h	2	(Cardoso, Lima et al. 2012)

O CAC demonstrou uma melhor capacidade de adsorção para os corantes básicos e reactivos (mediana de 300 mg g^{-1} e 400 mg g^{-1} e capacidade máxima de 980 mg g^{-1} e 1100 mg g^{-1} , respetivamente) em comparação com os corantes ácidos e diretos, (média de 155,8 mg g^{-1} e 11,59 mg g^{-1} respetivamente) (Fig. 3). O carvão ativado da Chemviron é ativado a vapor, o que introduz grupos funcionais contendo oxigénio e torna a superfície alcalina. O vapor é um agente oxidante suave e geralmente produz estruturas microporosas na parte mais externa do precursor de carbono. As cargas positivas mais elevadas (corantes diretos catiónicos) e as cargas negativas (corantes diretos aniónicos) são as principais limitações que causam a baixa adsorção de corantes diretos no carvão ativado. A adsorção de corantes diretos e ácidos no carvão ativado é fraca; no entanto, os resultados encorajadores para outros corantes sugerem que estas áreas podem ser mais exploradas.

Tabela 4.2: Vários tipos de carvão ativado (AC), carvão ativado granular (GAC) e carvão ativado em pó (PAC) à escala laboratorial para a remoção de corantes

Adsorventes	Tipo de corante	Superfície $(m^2\ g)^{-1}$	Área de adsorção capacidade $(mg\ g)^{-1}$	Tempo de contacto	pH	Fonte
AC de *Euphorbia rigida*	Laranja dispersa 25	741-21	118.93	-	7	(Gercel, Gercel et al. 2008)
CA de serradura de pinheiro	Verde básico 4	1390	370.37	3 h	6 10	(Akmil-Ba§ar, Önal et al. 2005) (Thinakara
CAP de casca de sementes de pongam	Vermelho ácido 114	324.79	204.08	8 h	3	n, Panneersel vam et al. 2008)
AC-Pinhal	Azul básico 69	902	1119	5 dias	5.4	(Tseng, Wu et al. 2003)
AC-Pinhal	Azul básico 9	902	556	5 dias	6.6	(Tseng, Wu et al. 2003) (Thinakara

CAP da casca de sementes de algodão	Vermelho ácido 114	124.35	153.85	8 h	3	n, Panneersel vam et al. 2008) (Thinakara
CAP da casca de sementes de gingela	Vermelho ácido 114	229.65	102.04	8 h	3	n, Panneersel vam et al. 2008) (Aygün,
CAG-Casca de alperce	Azul básico 9	783	4.11	24 h	4.8	Yenisoy-Karaka§ et al. 2003)
PAC-Bagasse	Basic red 22 (C.I. 11055)	607	942	-	4.1	(Juang, Wu et al. 2002)
PAC-Bagasse	Azul ácido 25 (N.º C.I. 62055)	607	674	-	4.9	(Juang, Wu et al. 2002) (Valix,
AC-Bagasse	Azul ácido 80	1433	391	-	7.4	Cheung et al. 2004)
PAC-Corcova	Basic red 22 (C.I. 11055)	943	790	-	4.1	(Juang, Wu et al. 2002)

Adsorventes	Tipo de corante	Superfície (m2 g)$^{-1}$	Capacidade de área de adsorção(mg g^{-1})	Tempo de contacto	pH	Fonte
PAC-Corcova	Azul ácido 25 (N.º C.I. 62055)	943	1060	-	4.1	(Juang, Wu et al. 2002)
PAC - casca de amendoim	Verde básico 4 (verde malaquite básico)	1114	222.22	30 min	-	(Malik, Ramteke et al. 2007)
CAG-Casca de avelã	Azul básico 9	793	8.82	24 h	4.8	(Aygün, Yenisoy-Karakas et al. 2003)
AC - casca de laranja	Azul direto 86	-	33.78	3 h	2	(Nemr, Abdelwaha b et al. 2009)
Núcleo AC-Plum	Vermelho básico 22	1162	710	-	4.1	(Juang, Wu et al. 2002)
Núcleo AC-Plum	Azul ácido 25 (N.º C.I. 62055)	1162	904	-	4.1	(Juang, Wu et al. 2002)
AC-Casca de romã	Azul directo106	-	-	2 h	2	(Amin 2009)

AC-Bagaço de cana-de-açúcar	Laranja ácido 10 (C.I. 16230)	790	5.78	20 h	-	(Tsai, Chang et al. 2001)
AC-Bagaço de cana-de-açúcar	Laranja ácido 10 (C.I. 16230)	790	5.78	20 h	-	(Tsai, Chang et al. 2001)
CAG-Casca de noz	Azul básico 9	774	3.53	24 h	4.8	(Aygün, Yenisoy-Karakas et al. 2003)
AC Casca de arroz	Azul ácido (CI 73015)	352	50	10 h	2	(Mohamed 2004) (Martin,
Base de lamas AC	Castanho ácido 283	253	20.5	2 h	5-9	Artola et al. 2003) (Martin,
Base de lamas AC	Vermelho básico 46	253	188	2 h	5-9	Artola et al. 2003) (Martin,
Base de lamas AC	Preto direto 168	253	28.9	2 h	5-9	Artola et al. 2003) (Martin,
Base de lamas AC	Vermelho direto 89	253	49.2	2 h	5-9	Artola et al. 2003)

Mistura de argila activada/carbonetos	Azul ácido 9	-	64.7	2.5 h	3	(Ho e Chiang 2001)
Jornal AC-Desperdício	Azul básico 9	1740	390	2 h	-	(Okada, Yamamoto et al. 2003)

Adsorventes	Tipo de corante	Área de superfície (m2 g)$^{-1}$	Capacidade de adsorção (mg g^{-1})	Tempo de contacto	pH	Fonte
Cinza de casca de arroz peletizada (estudo em coluna)	Vermelho direto 28	236.4	21.0	-	-	(Chou, Tsai et al. 2001)
Fibras de lã AC	Azul básico 9 (azul de metileno)	438	37.93	48 h	7	(Chen, Liu et al. 2013)
AC - Cascas de ervilhas verdes (*pisum sativum*)	Azul básico 9 (azul de metileno)	316.20	163.94	7 h	7	(Dod, Banerjee et al. 2012)
AC- casca de castanha de caju	Azul básico 9 (azul de metileno)	-	68.72	90 min	9	(Kumar, Ramalinga m et al. 2011)
AC-Sucrose	Azul de naftol preto	-	270	1 h	7	(Galán, Rodríguez et al. 2013)

Adsorventes	Tipo de corante	Área de superfície (m2 g)-1	Capacidade de adsorção (mg g-1)	Tempo de contacto	pH	Fonte
AC-Sucrose	Preto reativo 5	-	270	1 h	7	(Galán, Rodríguez et al. 2013)
AC-Sucrose	Remazol azul brilhante R	-	280	1 h	7	(Galán, Rodríguez et al. 2013)
Caules de bambu "de desperdício AC	Dispersão do vermelho 167	747	2.504	510	1	(Wang 2012)
Araucária angustifolia AC	Laranja reativo 16	-	472	480	2-7	(Calvete, Lima et al. 2010)

O carvão ativado à escala laboratorial (LAC) demonstrou uma capacidade de adsorção mediana a máxima na gama mais elevada (300-1100 mg g^{-1}) para corantes básicos em comparação com a dos corantes ácidos (100-1050 mg g^{-1}), diretos (21-49 mg g^{-1}) e dispersos (nenhum estudo relatado) (Fig. 3). O LAC possui uma grande área de superfície, até 1740 m g^{2-1} , por exemplo, quando desenvolvido a partir de resíduos de jornais. O pH foi mantido baixo (2-5) para as experiências em lote utilizando a LAC de todas as fontes, exceto no caso da madeira de pinho, ou seja, 6-7. Isto deve-se ao facto de a AC ter uma carga negativa (Otero, Rozada et al. 2003), pelo que, para todos os corantes aniónicos, a sua remoção será melhorada ao ganhar carga positiva a um pH mais baixo. No entanto, para a remoção de corantes catiónicos, o pH neutro ou ligeiramente mais elevado é mais favorável no caso do pinhal. É ainda necessário muito trabalho para a preparação de LAC com áreas de superfície mais elevadas e melhores eficiências para a remoção de corantes ácidos e básicos. São necessários mais esforços para explorar o potencial da LAC para o tratamento de corantes diretos e reactivos.

Capítulo 5

5. Materiais naturais

Os materiais naturais que têm a capacidade de remover corantes podem ser utilizados como adsorventes de baixo custo com pequenas modificações. Estes materiais incluem argila, bentonite, sepiolite, carvão, zeolite, diatomite e alunite (Quadro 5.1). Verificou-se que a capacidade de adsorção da sepiolite depende do pH (pH ácido) para os corantes ácidos. A um pH ácido, a superfície do adsorvente torna-se positivamente carregada, o que aumenta a atração eletrostática entre iões de corantes de carga negativa; o processo inverso ocorre a um pH alcalino (Özcan, Öncü et al. 2006). O modelo de cinética de pseudo-segunda ordem ajustou-se bem aos dados de adsorção. A sepiolite e a zeolite modificadas (com brometo de hexadeciltrimetilamónio) foram também investigadas para a remoção de corantes reactivos de uma solução aquosa (Ozdemir, Armagan et al. 2004). A turfa é outro importante material de origem natural que cobre quase 3 % da superfície terrestre (Olsson 2006). A lignina celulósica, os ácidos húmicos e fúlvicos são os principais componentes da turfa, com um teor de carbono de quase 50% (Gupta e Suhas 2009), e tem demonstrado uma boa remoção de corantes ácidos e básicos de soluções aquosas (Ho e McKay 1998). No entanto, a modificação da turfa com formaldeído e álcool polivinílico revelou as melhores capacidades de adsorção para os corantes básicos 350 e 400 (Sun e Yang 2003) (Quadro 5.1). O mecanismo de adsorção de corantes pela turfa foi inconclusivo devido à preparação de amostras diferentes com vários tipos de turfa utilizados.

Tabela 5.1: Materiais naturais de várias fontes para a remoção de corantes

Adsorventes	Tipo de corante	Área de superfície (m^2 g)$^{-1}$	Capacidade de adsorção (mg g)$^{-1}$	Tempo de contacto	pH	Fonte
Sepiolite modificada	Preto reativo 5	50.5	120.5	4 h	7.5	(Ozdemir, Armagan et al. 2004)
Sepiolite modificada	Vermelho reativo 239	50.5	108.8	4 h	7.5	(Ozdemir, Armagan et al. 2004)
Zeólito modificado	Preto reativo 5	11.8	60.5	4 h	7.5	(Ozdemir, Armagan et al. 2004)
Zeólito modificado	Vermelho reativo 239	11.8	111.1	4 h	7.5 -	(Ozdemir, Armagan et al. 2004)

Sepiolite modificada	Amarelo reativo 176	50.5	169.1	4 h	7.5	(Ozdemir, Armagan et al. 2004)
Turfa	Azul ácido 25	-	12.7	1 h	-	(Ho e McKay 1998)
Turfa	Azul básico 69	-	195	1 h	-	(Ho e McKay 1998)
Turfa	Azul básico 69	-	340	5 dias	4.0 -4.3	(McKay, Allen et al. 1981)
Bentonite activada	Sella castanho rápido (castanho ácido)	-	0.3605	3 h	-	(Espantaleo n, Nieto et al. 2003)
Argila activada	Azul ácido 9 (C.I. 42090)	-	57.8	2 h	3	(Ho e Chiang 2001)
Argila activada	Basic red 18 (C.I. 11085)	-	157	2 h	3	(Ho e Chiang 2001)
Bentonite	Basicblue9 (Azul de metileno)	28	1667	3 h	7.9	(Özacar e Sengil 2006)

Bentonite	Vermelho de base 2 (C.I. 50240)	47.73	274	1 h	-	(Hu, Qiao et al. 2006)
Hulha betuminosa (em bruto)	Vermelho ácido 88 (C.I. 15620)	-	26.1	1 h	7.0 2	(Venkata Mohan, Chandrasekhar Rao et al. 2002)
Alunite calcinada	Azul ácido 40	42.8	212.8	90 min	2	(Özacar e Sengil 2002)
Alunite calcinada	Amarelo ácido 17	42.8	151.5	90 min	2	(Özacar e Sengil 2002)

Adsorventes	Tipo de corante	Área de superfície (m^2 g)$^{-1}$	Capacidade de adsorção (mg g)$^{-1}$	Tempo de contacto	pH	Fonte
Alunite calcinada	Azul reativo 114 (C.I. 21620)	66	170.7	2 h	2	(Ozacar e Sengil 2003)
Alunite calcinada	Vermelho reativo 124 (C.I. 17780)	66	153	2 h	10	(Ozacar e Sengil 2003)
Alunite calcinada	Amarelo reativo 64 (C.I. 29025)	66	236	2 h	10	(Ozacar e Sengil 2003)

Charfines	Castanho direto (C.I.No. 30110)	-	6.4,	1 h	7.0	(Mohan, Singh et al. 2002)
Carvão de lenhite	Castanho direto (C.I.No. 30110)		4.1	1 h	7.0 2	(Venkata Mohan, Chandrasek har Rao et al. 2002)
Dolomite carbonizada	Corante reativo Levafix Vermelho brilhante E-4BA	36	950	14 dias	10	(Walker, Hansen et al. 2003)
Argila (Erzurum Turquia)	Azul básico 9	30	6.3	1 h	-	(Gürses, Karaca et al. 2004)
Carvão	Metomega cromo laranja (corante disperso)	-	0.7691	80 min	-	(Gupta e Shukla 1996)
Diatomite	Azul básico 9	27.8	198	48 h	5.4	(Al-Ghouti, Khraisheh et al. 2003)
Diatomite	Azul básico 9	33	134.34	3 dias	7	(Shawabke h e Tutunji 2003)
Diatomite	Azul básico9 (Azul de metileno)	27.80	198	48 h	11	(Al-Ghouti, Khraisheh et al. 2003)

Adsorventes	Tipo de corante	Área de superfície $(m^2\ g)^{-1}$	Capacidade de adsorção $(mg\ g)^{-1}$	Tempo de contacto	pH	Fonte
DTMA-bentonite	Azul ácido 193	767	740.5	1 h	1.5	(SAFA ÖZCAN, Erdem et al. 2004)
Kaolnite	Metomega laranja cromado	-	0.6506	2 h	-	(Gupta e Shukla 1996)
Carvão de lenhite (bruto)	Vermelho ácido 88 (C.I. 15620)	-	30.9	1 h	7.0 2	(Venkata Mohan, Chandrasek har Rao et al. 2002)
Zeólito modificado	Amarelo reativo 176	11.8	88.5	-	7.5	(Ozdemir, Armagan et al. 2004)
Alunite não tratada	Azul reativo 114 (C.I. 21620)	-	2.92	2 h	2	(Ozacar e Sengil 2003)
Adsorventes	Tipo de corante	Área de superfície $(m^2\ g)^{-1}$	Capacidade de adsorção $(mg\ g)^{-1}$	Tempo de contacto	pH	Fonte
Alunite não tratada	Vermelho reativo 124 (C.I. 17780)	-	2.85	2 h	10	(Ozacar e Sengil 2003)

Adsorventes	Tipo de corante	Área de superfície (m^2 g)$^{-1}$	Capacidade de adsorção (mg g)$^{-1}$	Tempo de contacto	pH	Fonte
Alunite não tratada	Amarelo reativo 64 (C.I. 29025)	-	5	2 h	10	(Ozacar e Sengil 2003)
Wollastonite	Metomega laranja cromado	-	0.6957	4.5 h	-	(Gupta e Shukla 1996)
Zeólito	Corante básico Maxilon goldgelb GL EC	-	14.91	4-10 dias	-	(Meshko, Markovska et al. 2001)
Zeólito	Tinta básica Maxilon. schwarz FBL-01	-	55.86	4-10 dias	-	(Meshko, Markovska et al. 2001)
Ácido sulfúrico argila modificada	Basicblue9 (Azul de metileno)	101.2	223.19	12 h	10	(Auta e Hameed 2013)
Stevensite marroquina	Amarelo básico	104	454.54	2 h	7	(Ajbary, Santos et al. 2013)
Clinoptilolita	Azul ácido 25	21	0.1	72 h	5	(Hernández-Montoya, Pérez-Cruz et al. 2013)

Clinoptilolita	Azul básico 9	21	105	72 h	5	(Hernández-Montoya, Pérez-Cruz et al. 2013)
Clinoptilolita	Violeta básico 3	21	98	72 h	5	(Hernández-Montoya, Pérez-Cruz et al. 2013)
Erionita	Azul ácido 25	401	0.1	72 h	5	(Hernández-Montoya, Pérez-Cruz et al. 2013)
Erionita	Azul básico 9	401	88	72 h	5	(Hernández-Montoya, Pérez-Cruz et al. 2013)
Erionita	Violeta básico 3	401	82	72 h	5	(Hernández-Montoya, Pérez-Cruz et al. 2013)
Zeólito	Azul básico 9 (Azul de metileno)	9 [9] 16.0	14.39	100, 400 h	10	(Wang, Boyjoo et al. 2005)

Foi relatado que os materiais naturais removeram vários corantes na seguinte ordem: corante básico > ácido > reativo > corante direto com capacidades de adsorção máximas de 1667 mg g -1, 740 mg g^{-1} , 950 mg g^{-1} e 5 mg g^{-1} respetivamente (Fig. 3). O pH variou entre 2 e 11, sendo mais baixo para os corantes ácidos e mais alto para os corantes básicos e neutro para os corantes reactivos e diretos. Não foram registados estudos sobre a remoção de corantes dispersos e em cuba. Por conseguinte, esta área pode ser mais explorada. Entre os materiais naturais, o carvão revelou uma fraca remoção de corantes; no entanto, pode ser utilizado nas áreas onde está disponível a granel. Além disso, a alunite calcinada revelou a melhor remoção de corantes ácidos e reactivos, ao passo que a bentonite mostrou uma elevada afinidade para corantes básicos, uma vez que as cargas superficiais positivas da alunite calcinada eram mais adequadas para corantes aniónicos e as cargas superficiais negativas da bentonite para corantes catiónicos. No entanto, no caso dos corantes ácidos, a dolomite carbonizada é potencialmente um bom adsorvente que pode ser investigado mais aprofundadamente. Em geral, o material natural demonstra fiabilidade para o tratamento de corantes básicos e reactivos, enquanto o seu desempenho é relatado
pobre para os corantes ácidos e diretos, o que implica que é necessária mais investigação nesta área (Fig. 3).

Capítulo 6

6. Biosorventes

6.1. Biomassa não viva

Os materiais não vivos, como o quitosano, as conchas de anodonta e as penas de lula, são polissacáridos resistentes com uma estrutura química uniforme que contém celulose. Estão disponíveis em abundância e são produzidos pelo exoesqueleto de artrópodes e têm sido referidos como uma fonte de material atractiva para a adsorção de corantes. O quitosano apresentou uma capacidade máxima de adsorção de vermelho ácido 18, vermelho ácido 73, laranja ácido 10 e laranja ácido 12 de 693,2 mg g^{-1} , 728,2 mg g^{-1} , 922,9 mg g^{-1} , e 973,3 mg g^{-1} respetivamente (Wong, Szeto et al. 2004). A forma modificada de nanopartículas magnéticas de P-ciclodextrina-quitosano revelou uma boa capacidade de adsorção de azul de metilo (Fan, Luo et al. 2012) (Tabela 6.1). Os dados experimentais ajustaram-se bem ao modelo de isoterma de Langmuir.

As biomassas não vivas são adsorventes promissores de baixo custo para corantes reactivos, diretos, ácidos e básicos, com capacidades máximas de adsorção de 2498 mg g^{-1} , 2380 mg g^{-1} , 1954 mg g^{-1} , e 1600 mg g^{-1} respetivamente. O pH pode ser um fator crítico que determina a extensão da adsorção de corantes básicos, uma vez que é geralmente mantido baixo (2-7). Foram documentados alguns estudos sobre a remoção de corantes dispersos; por conseguinte, pode ser mais explorado utilizando estes adsorventes. As penas de galinha produziram os piores resultados para o corante ácido, mas podem ser exploradas para outras classes de corantes. As pérolas de quitosano quimicamente reticuladas dão os melhores resultados para o corante reativo a uma concentração inicial de corante mais elevada e a um pH ácido (4-3). A reticulação química das esferas de quitosano devido à adição de agentes de reticulação aumenta a sua capacidade de adsorção do corante. Quando o pH diminui para < 4, a formação de ligações cruzadas protonadas aumenta, aumentando assim a capacidade de adsorção e vice-versa a um $pH > 6$. O quitosano é o melhor material para todas as classes de corantes (Fig. 3), mas em alguns casos o pré-tratamento é um pré-requisito antes da aplicação numa base comercial. O cabelo humano pode ser a segunda melhor opção para a remoção de corantes nesta categoria. A Fig. 3 mostrou que a biomassa não viva possuía a maior capacidade de adsorção para corantes reactivos e ácidos. Por conseguinte, podem ser comercializadas para a remoção de corantes ácidos e reactivos.

Tabela 6.1: Vários adsorventes de biomassa não viva para a remoção de corantes

Adsorventes	Tipo de corante	Área de superfície $(m^2\ g)^{-1}$	Capacidade de adsorção (mg g^{-1})	Tempo de contacto	pH	Fonte
Quitosano	Verde ácido 25	-	645.1	24 h	4	(Wong, Szeto et al. 2004)
Quitosano	Laranja ácido 10	-	922.9	24 h	4	(Wong, Szeto et al. 2004)
Quitosano	Laranja ácido 12	-	973.3	24 h	4	(Wong, Szeto et al. 2004)

Quitosano	Vermelho direto 28	-	81.23	12 h	7	(Wang e Wang 2007) (Fan,
Quitosano e óxido de grafeno (MCGO)	Azul de metilo	392.9	95.16	-	5.3	Luo et al. 2012) (Chiou,
Conta de quitosano (quimicamente reticulada)	Laranja ácido12,	-	1954	5 dias	3-4	Ho et al. 2004) (Chiou,
Conta de quitosano (quimicamente reticulada)	Vermelho ácido14	-	1940,	5 dias	3-4	Ho et al. 2004) (Chiou,
Conta de quitosano (quimicamente reticulada)	Laranja ácido 7	-	1940	5 dias	3-4	Ho et al. 2004) (Chiou,
Conta de quitosano (quimicamente reticulada)	Vermelho direto 81	-	2383	5 dias	4	Ho et al. 2004) (Chiou,
Conta de quitosano (quimicamente reticulada)	Azul reactivo2	-	2498	5 dias	4-3	Ho et al. 2004) (Chiou,
Pérola de quitosano (reticulada quimicamente)	Vermelho reactivo2	-	2422	5 dias	4-3	Ho et al. 2004) (Chiou,

Adsorventes	Tipo de corante	Área de superfície ($m^2 g^{-1}$)	Capacidade de adsorção($mg g^{-1}$)	Tempo de contacto	pH	Fonte
Pérola de quitosano (reticulada quimicamente)	Amarelo reactivo2,	-	2436	5 dias	4-3	Ho et al. 2004) (Chiou,
Pérola de quitosano (reticulada quimicamente)	Amarelo reactivo86	-	1911	5 dias	4-3	Ho et al. 2004)
Pérola de quitosano (caranguejo)	Vermelho reativo 222	-	1106	3 dias	-	(Wu, Tseng et al. 2000)
Pérola de quitosano (lagosta)	Vermelho reativo 222	-	1037	3 dias	-	(Wu, Tseng et al. 2000)
Pérola de quitosano (camarão)	Vermelho reativo 222	-	1026	3 dias	-	(Wu, Tseng et al. 2000)
Flocos de quitosano (caranguejo)	Vermelho reativo 222	-	293	3 dias	-	(Wu, Tseng et al. 2000)
Flocos de quitosana (camarão)	Vermelho reativo 222	-	494	3 dias	-	(Wu, Tseng et al. 2000)
Membrana de quitosano	Azul de metilo	-	46.23		5.3	(Fan, Zhang et al. 2012)

Adsorventes	Tipo de corante	Área de superfície (m2 g-1)	Capacidade de adsorção (mg g^{-1})	Tempo de contacto	pH	Fonte
Pérola de quitosano reticulada	Vermelho reativo 189	-	1936	5 dias	3	(Chiou e Li 2002)
Concha de Anodonta (Estudo em lote e em coluna)	Verde reativo 12	1.42	0.436,	15 dias	-	(Figueir edo, Boavent ura et al. 2000)
Concha de Anodonta (Estudo em lote e em coluna)	Verde direto 26	1.42	11.3	15 dias	-	(Figueir edo, Boavent ura et al. 2000)
Cabelo humano	Azul básico 9	-	158	6 h	-	(McKay, Porter et al. 1999)
Cabelo humano	Vermelho de base 2 (C.I. 50240)	-	190	6 h	-	(McKay, Porter et al. 1999)
Pérola de quitosano sem ligação cruzada	Vermelho reativo 189	-	1189	5 dias	6	(Chiou e Li 2002)
Canetas Sepia (canetas de choco) (Estudo de lotes e colunas)	Verde reativo 12	4.11	3.46	15 dias	-	(Figueir edo, Boavent ura et al. 2000)
						(Figueir edo,

Canetas sépia (canetas de choco) (Batch e estudo de coluna)	Verde direto 26	4.11	56.0	15 dias	-	Boavent ura et al. 2000) (Figueir edo,
Canetas para lulas (Lote e estudo de coluna)	Verde reativo 12,	8.82	39.8	15 dias	-	Boavent ura et al. 2000) (Figueir edo,
Canetas para lulas (Lote e		8.82	4.83	15 dias	-	Boavent ura et al.

estudo de coluna)	Verde direto 26					2000)
						(Gupta,
		-	0.02	24 h	3	Mittal et
Penas de galinha	Vermelho ácido 51					al. 2006)

6.2. Biomassa florestal e agrícola

Os materiais de base florestal e agrícola têm sido aplicados para remover contaminantes do sistema aquático através do processo de adsorção, uma vez que são baratos, fáceis e abundantemente disponíveis. Além disso, têm boas caraterísticas físico-químicas, maior eficiência e são facilmente renováveis sem ou com poucas modificações (trituração, lavagem, secagem), reduzindo assim os custos de produção e de energia (Franca, Oliveira et al. 2009, Rafatullah, Sulaiman et al. 2010). Os resíduos agrícolas são compostos principalmente de material lignocelulósico, incluindo componentes de elevado peso molecular, ou seja, lignina, hemiceluloses e celulose, e também alguns outros componentes estruturais extractivos de baixo tamanho molecular (Demirbas 2009), o que os torna uma boa escolha para a remoção de diferentes corantes. Os diferentes resíduos não tratados ou tratados incorretamente provenientes dos sectores industrial e agrícola causam problemas de eliminação, que estão associados à saúde do ecossistema, como a poluição do ar, da água e do solo. A utilização destes resíduos para a adsorção de poluentes é objeto de investigação intensiva, especialmente para a remoção de corantes, em que se verifica uma elevada eficiência. Uma grande quantidade de biomassa de gramíneas é gerada nas áreas onde prevalece muita chuva, sol e condições húmidas constantes. Após alguns tratamentos preliminares, a biomassa de erva residual removeu eficazmente o azul de metileno (457,640 mg g^{-1} a 3-10 pH) de uma solução aquosa (Hameed 2009). A isotérmica de adsorção ajustou-se melhor ao modelo de Langmuir seguido do modelo cinético de pseudo segunda ordem. Além disso, as fibras de *Luffa cylindrica*, as cascas de sementes de lagarta, a planta do deserto não tratada, a planta do deserto pirolizada e a planta do deserto quimicamente activada revelaram as capacidades de adsorção do corante azul de metileno, ou seja, 47 mg g^{-1} , 158,73 mg g^{-1} , 23, 53 e 130 mg g^{-1} respetivamente (Demir, Top et al. 2008). A planta de sebe *Annona squamosa* é normalmente utilizada para vedação e para produzir frutos consumíveis. Após o consumo, as sementes são deitadas fora. Estas sementes de baixo custo têm potencial para serem utilizadas como adsorvente para contaminantes de corantes. Este adsorvente mostrou uma remoção de 76 % e 24 % para corantes catiónicos, nomeadamente verde de malaquite básico e azul de metileno, respetivamente, a pH 6. A superfície das sementes fica carregada positivamente quando o pH é inferior ao ponto isoelétrico e vice-versa a pH superior ao ponto isoelétrico, o que favorece a adsorção de corantes catiónicos (Ahmed e Kumar 2010). No entanto, o processo foi altamente dependente do pH e os dados de adsorção mostraram melhor ajuste ao modelo de isoterma de Langmuir ($R^2 > 0,97$) e o processo seguiu a cinética de pseudo segunda ordem ($R^2 > 0,99$) (Santhi, Manonmani et al. 2011).

As pinhas *de Pinus burta* reflectiram o potencial para remover o corante vermelho básico 46 com uma capacidade de 73,53 mg g^{-1} . Os dados experimentais ajustaram-se bem ao modelo cinético de pseudo segunda ordem e o equilíbrio seguiu a isotérmica de Langmuir. Foi obtida uma recuperação elevada de vermelho básico 46 (99%) da pinha numa solução de HCl 0,1 M (Deniz, Karaman et al. 2011). As agulhas de pinheiro (tamanho 63-500 pm) revelaram uma capacidade de adsorção de 71,94 mg g^{-1} (pH ótimo 6) para o corante vermelho básico 46 numa experiência em lote. Os dados experimentais ajustaram-se bem à isotérmica de Langmuir e seguiram a cinética de pseudo-segunda ordem (Deniz e Karaman 2011). O pó de casca de pinheiro conífero foi testado para adsorção do corante violeta cristal básico (6,3-8,9 mg g^{-1}) a pH 8 em solução aquosa. Os dados experimentais foram melhor descritos pela isoterma de Langmuir e seguiram o modelo cinético de pseudo segunda ordem. O corante violeta cristal básico adsorvido foi recuperado (90%) utilizando uma solução de NaCl 1M no sistema de colunas (Ahmad 2009). As quatro espécies de madeira, nomeadamente a cerejeira, a nogueira, o carvalho e o pinheiro (Ferrero 2007) mostraram o seu potencial como adsorvente de baixo custo para os corantes azul ácido 25 e azul de metileno de efluentes residuais, tanto em sistemas de coluna como em sistemas descontínuos. A cinética de segunda ordem e o modelo de Langmuir reflectiram um melhor ajuste aos dados de equilíbrio.

A casca de avelã revelou uma adsorção mais elevada para o azul de metileno do que a serradura de madeira e ainda mais do que o carvão ativado sintetizado a partir do mesmo material, o que sugere a inacessibilidade da molécula de corante complexa às estruturas altamente microporosas. A serradura de nogueira e as cascas de choupo mostraram uma melhor capacidade de adsorção do que a amêndoa e a avelã para o verde ácido 25; enquanto que para o vermelho ácido 183, a amêndoa e a noz tiveram capacidades de adsorção mais elevadas do que as cascas de choupo e avelã (Aydin, Bulut et al. 2004). As cascas de trigo também reflectiram o potencial de adsorção do azul direto 71 (46,30 mg g- 1) (Bulut, Gozubenli et al. 2007), enquanto o modelo de Langmuir foi o que melhor se ajustou aos dados experimentais. A casca de arroz revelou o seu potencial de adsorção para azul de metileno (312 mg g^{-1} , 80°C), safranina (838 mg g^{-1} , 80°C) (McKay, Porter et al. 1999), violeta de cristal básico (44,87 mg g^{-1}) após modificação com NaOH (Chakraborty, Chowdhury et al. 2011), o que favoreceu a adsorção a temperaturas mais baixas e pH elevado. Neste último caso, o modelo de Freundlich ajustou-se melhor aos dados experimentais e o processo seguiu o modelo cinético de pseudo-segunda ordem. A casca de toranja mostrou o seu potencial para a absorção de violeta de cristal básico (254,16 mg g^{-1}) (Saeed, Sharif et al. 2010); o mecanismo seguiu a cinética de pseudo primeira e segunda ordem. A regeneração da casca de toranja foi efectuada utilizando NaOH 1M com 98% de recuperação de corantes e o adsorvente pode ser reutilizado em ciclos repetidos. O pó de juta foi um adsorvente promissor para o corante vermelho congo (35,7 mg g^{-1}) e o corante básico rodamina B (87,7 mg g^{-1}) (Panda, Das et al. 2009). A adsorção revelou melhor ajuste às isotermas de Freundlich e Langmuir para a rodamina B básica e à isoterma de Langmuir apenas para os corantes vermelho congo. Outro subproduto agrícola, a casca de trigo, mostrou o seu potencial de adsorção/remoção de corantes para o amarelo dourado 3 RFN (Gupta, Jain et al. 2007).

O Scolymus hispanicus L é um bioadsorvente naturalmente disponível, de baixo custo e amigo do ambiente, que foi utilizado para a remoção de azul de metileno e negro de eriocromo T com uma capacidade de 263,92 mg g^{-1} e 165,77 mg g^{-1} . a um pH de 6,8 e 3, respetivamente. A dose de adsorvente e o seu tamanho reduzido favoreceram a absorção do corante com a natureza exotérmica do processo de adsorção. Os dados experimentais ajustaram-se melhor ao modelo de Toth em comparação com as isotérmicas de Freundlich, Langmuir e Tempkins (Barakat 2011). O pó de folhas de jaca (tamanho 75300 |jm) (*Artocarpus hereropyllus*) revelou-se um adsorvente adequado para a remoção de azul de metileno (407,12 mg g^{-1}) de um meio aquoso a pH 10 e temperatura de 150°C (Tamez Uddin, Rukanuzzaman et al. 2009). O modelo de Thomos foi utilizado para a análise do comportamento de rutura do azul de metileno em diferentes profundidades de leito, concentrações de afluentes, pH e taxas de fluxo para prever curvas de rutura para a determinação caraterística dos parâmetros da coluna. O pó de folhas de jaca em colunas de leito fixo contínuas e descontínuas reflectiu a capacidade máxima de adsorção do corante violeta cristal básico (43,39 mg g^{-1}) a pH 7 em 120 minutos de tempo de contacto. A isotérmica de Dubinin-Radushkevich mostrou a natureza de quimisorção do adsorvente de jaca para o corante violeta cristal básico. Os dados ajustaram-se ao modelo cinético de pseudo segunda ordem. Durante os estudos em coluna de leito fixo, o tempo de escoamento aumentou com a altura do leito e foi observada uma relação inversa com o aumento das taxas de fluxo (Saha, Chakraborty et al. 2012). O bagaço de laranja seco é outro adsorvente que reflecte a adsorção máxima (40,70 mg g^{-1}) a pH ácido 2 e 40 °C para o azul reativo 5 em sistema descontínuo e a remoção máxima (80%) ocorreu durante os primeiros 5 minutos. Além disso, a temperatura da solução não reflecte qualquer impacto na absorção do corante, em comparação com o pH, devido à provável ocorrência de uma elevada atração eletrostática entre a superfície aniónica e a superfície positivamente carregada do adsorvente (Fiorentin, Trigueros et al. 2010).

A cana-de-açúcar é amplamente utilizada em todo o mundo para a produção de açúcar, o que gera grandes quantidades de resíduos de bagaço. Muitos investigadores utilizaram este produto residual para a remoção de corantes (Ravikumar, Deebika et al. 2005, Mall, Srivastava et al. 2006, Mane, Mall et al. 2007). Foi observada uma remoção eficiente do corante vermelho congo (38,2 mg g^{-1}) através da moagem com bolas, em comparação com o bagaço moído apenas com cortador, devido ao aumento da área de superfície de 0,58-0,66 m^2 g^{-1} para 1,31-1.82 m^2 g^{-1} com o tempo (Zhang, Moghaddam et al. 2011); enquanto que para os corantes rodamina B e azul básico 9, as capacidades de adsorção foram 65,5 mg g^{-1} e 30,7 mg g^{-1} respetivamente (Zhang, O'Hara et al. 2013). A adsorção do azul básico 9 é menos sensível ao aumento da área de superfície em comparação com a rodamina B, o que está relacionado com a estrutura molecular dos corantes, bem como com a química da superfície do bagaço. O bagaço modificado com ácido tartárico apresentou 99% de adsorção de azul de metileno a pH 9,4 (Low, Teng et al. 2011). Os resíduos de gengibre revelaram o seu potencial para o tratamento de verde de malaquite básico (188,6 mg g^{-1} a 9 pH 50 °C) (Ahmad e Kumar 2010) e violeta de cristal básico (277,7 mg g^{-1} , a natureza endotérmica da biossorção) (Kumar e Ahmad 2011) durante os sistemas de lote e coluna. Além disso, foram obtidas capacidades de adsorção crescentes a temperaturas cada vez mais elevadas e os resultados experimentais ajustaram-se bem às isotermas de Langmuir e Freundlich, apresentando uma cinética de pseudo-segunda ordem. A difusão da película foi o principal mecanismo de adsorção, o que foi confirmado pela equação de Rechienberg. As raízes de plantas de tomate foram utilizadas como um adsorvente eficiente para os corantes azul de metileno e violeta de cristal básico (97%, 15 minutos) (Kannan, Buvaneswari et al. 2009). O pó de folhas de *Pasidium guajava* (goiaba) reflectiu a excelente remoção de azul de metileno (295 mg g^{-1}) de uma solução aquosa, e os dados experimentais seguiram uma cinética de pseudo segunda ordem (Ponnusami, Vikram et al. 2008). Da mesma forma, foi observada uma excelente remoção de azul de metileno durante o tratamento com carvão ativado de serradura de vime (294 mg g^{-1}), (Hameed, Ahmad et al. 2007), resíduos de algodão (278 mg g^{-1}) (McKay, Porter et al. 1999), pó de folhas de neem (19,6 mg g^{-1}) (Bhattacharyya e Sharma 2005), folhas de goiaba tratadas quimicamente (133,3 mg g^{-1}) (Singh e Srivastava 1999), sementes de papaia (555,6 mg g^{-1}) (Hameed 2009).

A humina extraída do solo foi utilizada como um adsorvente alternativo para os corantes laranja reativo 16 e vermelho reativo 120, a fim de determinar as condições óptimas de adsorção durante as investigações em lotes e colunas (Jesus, Romão et al. 2011). O processo de adsorção em modo descontínuo foi descrito pela cinética de pseudo-segunda ordem para ambos os corantes, enquanto as isotermas de Langmuir e Freundlich descreveram melhor a adsorção do vermelho reativo 120 e do laranja reativo 16, respetivamente. Durante a experiência em coluna, foram observadas eficiências de adsorção de 74,8% a 96,2% e de 39,6% a 62,1%; enquanto a eficiência de dessorção do vermelho reativo 120 e do laranja reativo 16 foi observada de 36,8% a 66,8% e de 51,3% a 81,4%, respetivamente.

Tabela 6.2: Diferentes fontes de biomassa florestal e agrícola para adsorção de corantes.

Adsorventes	Tipo de corante	Área de superfície ($m^2 g^{-1}$)	Capacidade de adsorção (mg g^{-1})	Contacto tempo	pH	Fonte
Semente de *Annona squmosa*	Verde malaquite básico	20.54	25.91		6	(Santhi, Manonm ani et al. 2011)
Semente de *Annona squmosa*	Azul de metileno	20.54	08.52		6	(Santhi, Manonm ani et al. 2011)
Casca de madeira de teca (*Tectona grandis*)	Azul básico 9	-	914	6 h	-	(McKay, Porter et al. 1999)
Serragem de faia não tratada (lote e coluna)	Azul básico 9 (azul de metileno),	-	9.78	14 dias	8-13	(Batzias e Sidiras 2004)

Serragem de faia não tratada (lote e coluna)	Vermelho básico 22	-	20.2	14 dias	8-13	(Batzias e Sidiras 2004)
Casca de eucalipto	Remazol BB reativo	-	90	12 h	2.5	(Morais, Freitas et al. 1999)
Resíduos de relva	Azul de metileno		457.64	3 h	3-10	(Hameed 2009)
Serradura de madeira de folhosas	Azul básico 69 (azul Astrazone)	-	82.2	3 h	-	(Asfour, Fadali et al. 1985)
Casca de avelã (lote e coluna)	Azul ácido 25	-	60.2	1-3 h	3-4	(Ferrero 2007)
Pó de folhas de jaqueira (estudo de coluna)	Azul de metileno		256.23	40mL/ min	6.8	(Tamez Uddin, Rukanuz zaman et al. 2009)
Casca de jaca	Azul básico 9 (azul de metileno)	-	285.71	3 h	4-10	(Hameed 2009)

Adsorventes	Tipo de corante	Área de superfície (m g)2 -1	Capacidade de adsorção (mg g-1)	Tempo de contacto	pH	Fonte
Pó de folhas de jaca	Cristal básico violeta		43.39	3 h	7	(Saha, Chakrab orty et al. 2012)
Serragem de Neem	Azul básico 9	-	3.622	30 min	7.2	(Khattri e Singh 2000)
Serragem de neem	Verde básico 4	-	3.42	30 min	7.2	(Khattri e Singh 2000)
Serragem de Neem	Violeta básico 10	-	2.355	30 min	7.2	(Khattri e Singh 2000)
Serragem de Neem	Violeta básico 3	-	3.79	30 min	7.2	(Khattri e Singh 2000)
Pó de folhas de fénix (coluna)	Azul de metileno		130	8ml/mi n	7.4	(Han, Wang et al. 2009)
Serragem de pinheiro (em bruto)	Azul ácido 256		280.3	2 h	3.5	(Ozacar e Sengil 2005)

Serragem de pinheiro (em bruto)	Amarelo ácido 132		398.8	2 h	3.5	(Ozacar e Sengil 2005)
Folhas de pinheiro	Vermelho básico 46	-	71.94	0-2 h	2-10	(Deniz e Karaman 2011)
Pó de casca de pinheiro	Violeta cristal básico		6.3-8.9	2 h	8	(Ahmad 2009)
Cone *de Pinus brutia*	Vermelho básico 46		73.53	0- 2 h	2-10	(Deniz, Karaman et al. 2011)
Pó de serra	Verde brilhante	0.374	58.479	3 h	2.9	(Mane e Babu 2011)1
Serra de pinho em pó	Azul ácido 25	-	26.19	1-3 h	3-4	(Ferrero 2007)

Adsorventes	Tipo de corante	Área de superfície (m g)$^{2\ -1}$	Capacidade de adsorção (mg g$^{-1)}$	Tempo de contacto	pH	Fonte
Serra de pinho em pó	Azul básico 9	-	27.78	1-3 h	3-4	(Ferrero 2007)

Scolymus hispanicus L	Azul de metileno		263.92	5-90 min	6.8	(Barka, Abdennouri et al. 2011)
Scolymus hispanicus L	Preto Eriocromo T		165.77	5-90 min	3	(Barka, Abdennouri et al. 2011)
Spirodelapolyrrhiza biomassa	Azul básico 9	-	144.93	24 h	9	(Waranusantigul, Pokethitiyook et al. 2003)
Feto arbóreo	Vermelho básico 13	-	408	24 h	5	(Ho, Chiang et al. 2005)
Madeira	Azul ácido 25 (azul Telon)	3.8-6.4	7.0-11.6	-	-	(Poots, McKay et al. 1976)
Madeira	Azul básico 69	-	100.1	2 h	-	(Poots, McKay et al. 1978)
Serradura de madeira (em bruto)	Azul ácido 25	-	5.92	8 h	-	(Ho e McKay 1998)

Adsorventes	Tipo de corante	Área de superfície (m g)$^{2\text{-}1}$	Capacidade de adsorção (mg g$^{-1)}$	Tempo de contacto	pH	Fonte
Serradura de madeira (em bruto)	Azul básico 69	-	71.9	8 h	-	(Ho e McKay 1998)
Maracujá amarelo	Azul básico 9	30	44.7	48 h	8	(Pavan, Lima et al. 2008)
Bagaço	Azul de metileno			44 min	9.4	(Low, Teng et al. 2011)
Medula de bagaço (em bruto)	Vermelho ácido 114	-	20	5 dias	-	(Chen, Hui et al. 2001)
Medula de bagaço em bruto	Azul básico 69	-	152	5 dias	-	(Chen, Hui et al. 2001)
Medula de bagaço em bruto	Vermelho básico 22	-	75	5 dias	-	(Chen, Hui et al. 2001)

Medula de bagaço (em bruto)	Azul ácido 25 (N.º C.I. 62055)	-	17.5	5 dias	-	(Chen, Hui et al. 2001)
Bagaço de cana-de-açúcar moído com bolas	Vermelho direto do congo	1.31 1.82	38.2	24 h	5-10	(Zhang, Moghad dam et al. 2011)
Pó de bambu carbono	Azul básico 9	-	143.2	40 min	7.2	(Kannan e Sundara m 2001)
Casca de banana	Violeta básico 10	20.6 23.5	20.6	24 h	6-7	(Annadu rai, Juang et al. 2002)
Casca de banana	Laranja ácido 52 (alaranjado de metilo)	20.6-23.5	21	24 h	6-7	(Annadu rai, Juang et al. 2002)
Casca de banana	Laranja ácido 52 (alaranjado de metilo)	20.6-23.5	21	24 h	6-7	(Annadu rai, Juang et al. 2002)
Casca de banana	Vermelho direto 28 (vermelho Congo)	20.6 23.5	18.2	24 h	6-7	(Annadu rai, Juang et al. 2002)
Casca de banana (crua)	Azul básico 9	20.6 23.5	20.8	24 h	6-7	(Annadu rai, Juang et al. 2002)
Casca de banana	Azul brilhante ácido	-	4.42	100 min	3	(Namasi vayam, Prabha et al. 1998)

Casca de banana	Vermelho direto	-	5.92	70 min	3	(Namasi vayam, Prabha et al. 1998)
Casca de madeira de teca	Vermelho de base 2 (C.I. 50240)	-	1119	6 h	-	(McKay, Porter et al. 1999)

Adsorventes	Tipo de corante	Área de superfície (m g)$^{2\ -1}$	Capacidade de adsorção (mg g$^{-1)}$	Tempo de contacto	pH	Fonte
Resíduos de fábricas de cerveja	Azul básico 9	4.5	4.92	24 h	7	(Tsai, Hsu et al. 2008)

Adsorventes	Tipo de corante	Área de superfície (m g)$^{2\ -1}$	Capacidade de adsorção (mg g)$^{-1}$	Tempo de contacto	pH	Fonte
Medula de cana (bagaço)	Azul ácido 25 (N.° C.I. 62055)	606.8	673.6	5 dias	5.9	(Juang, Tseng et al. 2001)
Medula de cana	Basic red 22 (C.I. 11055)	606.8	941.7	5 dias	4.1	(Juang, Tseng et al. 2001)
Carvão de casca de coco	Azul básico 9	-	277.9	90 min	7.2	(Kannan e Sundara m 2001)

Adsorventes	Tipo de corante	Área de superfície (m^2 g^{-1})	Capacidade de adsorção (mg g^{-1})	Tempo de contacto	pH	Fonte
Medula de coco	Vermelho Congo	-	6.72	10 min	2	(Namasi vayam e Kavitha 2002)
Medula de coco (em bruto)	Basic violet 10 (Basic Rodamina B)	-	203.25	2 h	3.03	(Namasi vayam, Dinesh Kumar et al. 2001)
Medula de coco (em bruto)	Azul brilhante ácido (C.I. 42645)	-	16.67	220 min	2-3	(Namasi vayam, Dinesh Kumar et al. 2001)
Medula de coco (em bruto)	Violeta ácido (C.I. 42650)	-	1.65	120 mi n	2-3	(Namasi vayam, Dinesh Kumar et al. 2001)
Medula de coco carbonizada	Violeta básico 10 (rodamina B básica)	259	2.56	10 min	11.11	(Namasi vayam, Dinesh Kumar et al. 2001)
Medula de coco carbonizada	Violeta ácido (C.I. 42650)	259	8.06	40 min	1.5	(Namasi vayam, Radhika et al. 2001)

Resíduos de algodão	Azul básico 9	-	277	6 h	-	(McKay, Porter et al. 1999)
Resíduos de algodão	Vermelho de base 2 (C.I. 50240)	-	875	6 h	-	(McKay, Porter et al. 1999)
Secagem do bagaço de laranja	Azul reativo 5	300.7 $x10^{-5}$	28.90	2 h	1-11	(Fiorenti n, Triguero s et al. 2010)
Casca de toranja	Cristal violeta básico		245.16	60 min	6	(Saeed, Sharif et al. 2010)
Carbono de casca de amendoim	Azul básico 9	-	164.9	45 min	7.2	(Kannan e Sundara m 2001)
Folha de goiabeira em pó	Azul de metileno		295	24 h	3-8	(Ponnus ami, Vikram et al. 2008)
Casca de avelã (estudo em lote e em coluna)	Azul básico 9	-	76.9	60-180 min	2.5-4.2	(Ferrero 2007)

Adsorventes	Tipo de corante	Área de superfície (m g)$^{2-1}$	Capacidade de adsorção (mg g^{-1})	Tempo de contacto	pH	Fonte
Pó de pau de juta	Vermelho Congo		35.7	60 min	7	(Panda, Das et al. 2009)
Pó de pau de juta	Rodamina B de base		87.7	60 min	7	(Panda, Das et al. 2009)
Kudzu	Amarelo básico 21	-	160	21 dias	-	(Allen, Gan et al. 2003)
Kudzu	Vermelho básico 22	-	210	21 dias	-	(Allen, Gan et al. 2003)
Cana-de-açúcar moída	Rodamina B de base	1.81	65.5	24 h	10	(Zhang, O'Hara et al. 2013)
Cana-de-açúcar moída	Azul básico 9	1.81	30.7	24 h	10	(Zhang, O'Hara et al. 2013)

Mistura de cascas de amêndoa	Vermelho direto 80	10.5	22.422	300 min	6	(Doulati Ardejani , Badii et al. 2008)
Fibra do tronco da palmeira	Verde básico 4 (verde malaquite básico)	-	149.35	120 min	4-10	(Hameed e El- Khaiary 2008)
Casca de laranja	Violeta básico 10	20.6 a 23.5	14.3	24 h	6-7	(Annadu rai, Juang et al. 2002)
Casca de laranja	Laranja ácido 52 (alaranjado de metilo)	20.6 a 23.5	20.5	24 h	6-7	(Annadu rai, Juang et al. 2002)
Casca de laranja	Laranja ácido 52 (alaranjado de metilo)	20.6 23.5	20.5	24 h	6-7	(Annadu rai, Juang et al. 2002)
Casca de laranja	Vermelho direto 23,	-	10.72	15 min	2	(Arami, Limaee et al. 2005)
Casca de laranja	Vermelho direto 80	-	21.05	15 min	2	(Arami, Limaee et al. 2005)

Adsorventes	Tipo de corante	Área de superfície (m g)$^{2\ -1}$	Capacidade de adsorção(mg g^{-1})	Tempo de contacto	pH	Fonte
Casca de laranja	Vermelho direto 28 (vermelho Congo)	20.6 23.5	14.0	24 h	6-7	(Annadurai, Juang et al. 2002)
Casca de laranja (crua)	Azul básico 9	20.6 23.5	18.6	24 h	6-7	(Annadurai, Juang et al. 2002)
Casca de laranja (crua)	Violeta ácido 17	-	19.88	80 min	6.3	(Sivaraj, Namasivayam et al. 2001)
Cinzas de óleo de palma	Azul disperso	-	49.5	60 min	2	(Hasnain Isa, Siew Lang et al. 2007)
Cinzas de óleo de palma	Vermelho disperso	-	61.35	60 min	2	(Hasnain Isa, Siew Lang et al. 2007)
Cacho de palmeira (cru)	Azul básico 3	-	92	7 dias	-	(Nassar e Magdy 1997)

Cacho de palmeira (cru)	Amarelo básico 21	-	327	7 dias	-	(Nassar e Magdy 1997)
Cacho de palmeira em bruto	Vermelho básico 22	-	180	7 dias	-	(Nassar e Magdy 1997)
Sementes de papaia	Azul de metileno		555.55	180 min	3-10	(Hameed 2009)
Caroços de tâmaras em bruto	Azul básico 9	-	80.3	24 h	8	(Banat, Al-Asheh et al. 2003)
Cinzas de casca de arroz (estudo em coluna)	Vermelho direto 28	236.4	171		-	(Chou, Tsai et al. 2001)
Casca de arroz	Azul básico 9	-	312	6 h	-	(McKay, Porter et al. 1999)
Casca de arroz	Vermelho de base 2 (C.I. 50240)	-	838	6 h	-	(McKay, Porter et al. 1999)
Carbono de casca de arroz	Azul básico 9	-	343.5	40 min	7.2	(Kannan e Sundara m 2001)

Carbono de casca de arroz	Amarelo ácido 36 (C.I. 13065)	272.5	86.9	180 mi n	3	(Malik 2003)
Casca de arroz NaOH Modificado	Violeta cristal básico		44.87	90 min	8	(Chakra borty, Chowdh ury et al. 2011)
Pó de serra-cereja (estudo de lotes e colunas)	Azul básico 9	-	39.84	60-180 min	2.5-4.2	(Ferrero 2007)

Adsorventes	Tipo de corante	Área de superfície (m g)2 -1	Capacidade de adsorção (mg g-1)	Tempo de contacto	pH	Fonte
Pó de serra-cereja (estudo em lote e em coluna)	Azul ácido 25	-	31.98	60 180 mi n	2.5-4.2	(Ferrero 2007)
Pó de serra de carvalho (estudo em lote e em coluna)	Azul básico 9	-	29.94	60-180 min	2.5-4.2	(Ferrero 2007)
Pó de serra de carvalho (estudo em lote e em coluna)	Azul ácido 25	-	27.85	60 180 mi n	2.5-4.2	(Ferrero 2007)
Pó de serra-walnu (estudo em descontínuo e em coluna)t	Azul básico 9	-	59.17	60-180 min	2.5-4.2	(Ferrero 2007)

Pó de serra-noz (estudo em lote e em coluna)	Azul ácido 25	-	36.98	60-180 min	2.5-4.2	(Ferrero 2007)
Carbono de serradura	Verde básico 4	-	74.5	30-120 min	6-9	(Garg, Gupta et al. 2003)
Carbono de serradura	Amarelo ácido 36 (C.I. 13065)	516.3	183.8	60 min	3	(Malik 2003)
Casca de farinha de soja	Vermelho ácido 14	0.7623	109.89	24 h	2	(Arami, Limaee et al. 2006)
Casca de farinha de soja	Vermelho direto 80	0.762	178.57	24 h	2	(Arami, Limaee et al. 2006)
Casca de farinha de soja	Vermelho direto 81	0.762	120.48	24 h	2	(Arami, Limaee et al. 2006)
Folhas de chá gastas	Azul básico 9 (azul de metileno)	-	300.052	180 min	4-9	(Hameed 2009)
Palha de carbono	Azul básico 9	-	472.1	35 min	7.2	(Kannan e Sundara m 2001)
Cascas de sementes de girassol, cascas de tangerina	Preto reativo 5	-	1.01	210 min	2	(Osma, Saravia et al. 2007)

Adsorventes	Tipo de corante	Área de superfície ($m^2 g^{-1}$)	Capacidade de adsorção ($mg\ g^{-1}$)	Tempo de contacto	pH	Fonte
Raiz de tomateiro Carbono verde	Azul de metileno	1,1620 e 2.7219	83.33	30 min	3-4	(Kannan, Buvanes wari et al. 2009)
Raiz de tomateiro Carbono verde	Cristal violeta básico	1,1620 e 2.7219	94.34	15 min	3-4	(Kannan, Buvanes wari et al. 2009)
Algodão tratado (coluna)	Azul ácido 25	-	589	-	-	(Bouzaid a e Rammah 2002)
Algodão tratado (coluna)	Amarelo ácido 99	-	448	-	-	(Bouzaid a e Rammah 2002)
Algodão tratado (coluna)	Amarelo reativo 23	-	302	-	-	(Bouzaid a e Rammah 2002)

Adsorventes	Tipo de corante	Área de superfície (m^2 g-1)	Capacidade de adsorção (mg g-1)	Tempo de contacto	pH	Fonte
Resíduos de gengibre tratados	Cristal violeta básico		277.7	150 min	2-9	(Kumar e Ahmad 2011)
Casca de farinha de soja	Azul ácido 92	0.7623	114.94	24 h	2	(Arami, Limaee et al. 2006)
Cascas de noz-pecã *(Carya illinoinensis)*	Azul ácido 74	-	405.507	1440 min	6.5	(Aguayo - Villarrea l, Ramirez - Montoya et al. 2013)
Casca de noz-pecã *(Carya illinoinensis)*	Azul ácido 25	-	26.360	1440 min	6.5	(Aguayo - Villarrea l, Ramirez - Montoya et al. 2013)
Casca de noz-pecã *(Carya illinoinensis)*	Azul reativo 4	-	7.9	1440 min	6.5	(Aguayo - Villarrea l, Ramirez - Montoya et al. 2013)

Eichhornia crassipes	Azul básico 9 (azul de metileno)	-	35.37	20 min	6.9	(Wanyo nyi, Onyari et al. 2013)
Luffa cilíndrica (loofa)	Azul básico 9 (azul de metileno)	-	83.5		7	(Yu, Wang et al. 2012)
Luffa cilíndrica (loofa)	Magenta básico	-	85.5		7	(Yu, Wang et al. 2012)
Concha de Cupuaçu (*Theobroma grandiflorum*)	Vermelho reativo 194	1.2	64.1	480	2	(Cardoso , Lima et al. 2011)
Casca de Cupuaçu (*Theobroma grandiflorum*)	Azul direto 53	1.2	37.5	600	2	(Cardoso , Lima et al. 2011)

As biomassas florestais e agrícolas apresentaram uma remoção moderada a máxima de corantes e mostraram a tendência de corantes básicos > ácidos > reactivos > diretos (Tabela 6.2, Fig. 3). O potencial máximo de remoção de corantes para corantes básicos, ácidos, reactivos e diretos foi observado em 1119 mg g^{-1} , 700 mg g^{-1} , 300 mg g^{-1} , e 178 mg g^{-1} , respetivamente. A Fig. 3 mostra que os FAB mais aplicados se aplicam a quase todas as classes de corantes importantes. No entanto, os resultados foram bastante modestos, com melhor desempenho para o corante básico (capacidade média de cerca de 100 mg g^{-1}) e menor desempenho para o corante direto. É necessário mais trabalho sobre a adsorção de diferentes corantes ácidos, diretos e dispersos. O pH é sobretudo variável, permanecendo neutro ou mais elevado no caso dos corantes básicos e mais baixo nos tratamentos com corantes ácidos, diretos e dispersos. De um modo geral, as cascas de fruta não reflectiram bem a adsorção de corantes, mas podem ser utilizadas em zonas de grande disponibilidade. A casca de arroz demonstrou a melhor remoção de corantes básicos, ácidos e diretos e pode ser testada em mais classes de corantes reactivos, dispersos e outros, devido ao seu maior teor de celulose (40-50 %) e porosidade. No entanto, a presença de sílica/silicatos pode afetar negativamente a adsorção global de corantes reactivos e dispersos na sua superfície. Da mesma forma, a casca de madeira de teca mostrou a melhor remoção de corante básico. No entanto, o seu potencial para a remoção de outros corantes tem de ser investigado. As sementes de papaia, os resíduos de algodão e as folhas de chá usadas são potencialmente bons adsorventes, que parecem prometedores se forem objeto de investigação mais aprofundada.

6.3. Biomassa de algas

A biomassa de algas é uma das opções potenciais e atractivas para a adsorção de corantes devido à sua capacidade de crescer mais rapidamente devido à presença de uma parede celular multicamada e de vários grupos funcionais (Davis, Volesky et al. 2003, Akmil-Basar, Önal et al. 2005). Foi investigada uma variedade de espécies de algas para remover corantes de águas residuais, incluindo *Chlorella vulgaris* (Aksu e Tezer 2005), *Lyngbya lagerlerimi, Nostoc lincki, Oscillatoria rubescens, Elkatothrix viridis, Volvox aureus, Spirogyra sp. (Khalaf 2008), Cystoseira indica* e *Gracilaria persica,* (Kousha, Daneshvar et al. 2012), *Chlamydomonas reinhardtii, Chlorella vulgaris* e *Scenedesmus rubescens* (Su, Mennerich et al. 2012), *Gelidium sesquipedale* (Vilar, Botelho et al. 2007) e a macroalga castanha *Stoechospermum marginatum* quimicamente modificada (com propilamina, metanol ácido, formaldeído e ácido fórmico) tem uma capacidade de adsorção promissora para o alaranjado ácido II (AOII) devido aos grupos funcionais amino (Kousha, Daneshvar et al. 2012) (Quadro 6.3).

A biomassa de algas reflecte a remoção média e máxima pela seguinte ordem: corantes reactivos > ácidos > básicos. A remoção de corantes reactivos é de 200 mg g^{-1} (valor mediano) até um máximo de 600 mg g^{-1} , respetivamente. Existem poucos estudos sobre os corantes ácidos e básicos e a eficiência de remoção dos corantes ácidos não é boa, sendo a absorção máxima de 71 mg g^{-1} . São raros os estudos sobre a remoção direta e dispersa de corantes, o que implica que esta lacuna tem de ser mais explorada. O pH é, na sua maioria, baixo (2-3), enquanto que apenas num estudo foi documentado como neutro para corantes básicos. A biomassa *de Chlorella vulgaris* revela o seu potencial para corantes reactivos a uma concentração inicial elevada de corante e a um pH mais baixo. A área de superfície da biomassa de algas parece menos importante, uma vez que não foi registada em nenhum estudo. A biomassa *de Stoechospermum marginatum* pode ser o segundo melhor material para a remoção de corantes ácidos, mas precisa de ser testada noutras classes de corantes. Em geral, a biomassa de algas reflecte um potencial muito baixo para a remoção de corantes ácidos e básicos, embora seja necessário mais trabalho a este respeito (Fig.3a,b), enquanto o desempenho para corantes reactivos foi encorajador (Fig.3d).

Tabela 6.3: Tratamento de diferentes classes de corantes utilizando várias fontes de biomassa de algas

Adsorventes	Tipo de corante	Área de superfície (m2 g-1)	Capacidade de adsorção (mg g-1)	Tempo de contacto	pH	Fonte
Biomassa chlorella vulgaris	Preto reativo B	-	555.6	24 h	2	(Aksu e Tezer 2005)
Biomassa *chlorella vulgaris*	Reativo Remazol amarelo dourado RNL	-	71.9	24 h	2	(Aksu e Tezer 2005)
Biomassa *chlorella vulgaris*	Vermelho de remazol reativo RR	-	196.1	24 h	2	(Aksu e Tezer 2005)
Stoechospermum marginatum	Laranja ácido II	-	35.62	1 h	2	(Kousha, Daneshvar etal . 2012)
Stoechospermum marginatum (modificado com C3H9N)	Laranja ácido II	-	71.05	1 h	2	(Kousha, Daneshvar etal . 2012)

Stoechospermum marginatum (modificado com CH3OH)	Laranja ácido II	-	29.08	1 h	2	(Kousha, Daneshvar etal . 2012)
Stoechospermum marginatum (modificado com HCHO)	Laranja ácido II	-	34.06	1 h	2	(Kousha, Daneshvar etal . 2012)
Stoechospermum marginatum (modificado com HCHO/HCOOH)	Laranja ácido II	-	14.95	1 h	2	(Kousha, Daneshvar etal . 2012)
Adsorventes	Tipo de corante	Área de superfície (m g $)^{2-1}$	Capacidade de adsorção (mg g $)^{-1}$	Tempo de contacto	pH	Fonte
Spirogyra sp (modificado com Autoclavação)	Sinazol (Corantes reactivos)			18 h	3	(Khalaf 2008)
Cystoseira indica	C.I. Acid black 1	-	8.34	60 min	2	(Kousha, Daneshvar etal . 2012)
Gracilaria persica	C.I. Acid black 1	-	9.18	60 min	2	(Kousha, Daneshvar etal . 2012)
Biomassa *à base de clorela*	Verde malaquite básico	-	9.775	30 min	7	(Tsai e Chen 2010)

Spirulinapla tensis microalgas	Vermelho reativo 120	482.2	2 h	2	(Cardoso, Lima et al. 2012)

6.4. Biomassa fúngica

Tal como outros microrganismos, os fungos revelam potencial para remover corantes de águas residuais. A relação custo-eficácia, a maior eficiência de remoção, a fácil disponibilidade e a viabilidade económica são alguns dos aspectos positivos destes bioadsorventes. A biomassa fúngica remove eficazmente os corantes devido a um crescimento mais rápido, para além da adsorção pelo seu estado morto/imobilizado. A biomassa fúngica residual gerada como subproduto em diferentes indústrias pode ser utilizada para a remoção de corantes. As biomassas de *Fomes fomentarius* e *Phellinus ignarius* revelaram capacidades de remoção mais elevadas para o azul de metileno 204,38 mg g^{-1} e 232,73 mg g^{-1} ; foi observado um potencial inferior para o corante básico rodamina B com 25,12 mg g^{-1} e 36,82 mg g^{-1} , respetivamente (Maurya, Mittal et al. 2006). Além disso, a adsorção de azul de metileno aumenta com o pH (3 a 11) para a absorção do corante básico rodamina B. Isto reflecte a diferente sorção do corante. Isto reflecte o comportamento diferente de adsorção do corante com carga de superfície variável. Observa-se um aumento da eletronegatividade líquida devido à desprotonação de certos grupos funcionais, o que aumenta as forças electrostáticas entre a superfície do bioadsorvente carregada negativamente e os iões de azul de metileno carregados positivamente.

Tabela 6.4: Diferentes biomassas fúngicas para a remoção de corantes

Adsorventes	Tipo de corante	Área de superfície (m g)$^{2-1}$	Capacidade de adsorção (mg g)$^{-1}$	Tempo de contacto	pH	Fonte
Rhizopusarrhizus biomassa	Preto reativo 5	-	588.2	24 h	2	(Aksu e Tezer 2000)
Biomassa viva *Aspergillus niger*	Azul ácido 29	-	6.63	30 h	4	(Fuand Viraraghavan 2001)
Biomassa viva *Aspergillus niger*	Azul básico 9	-	1.17	2 dias	6	(Fuand Viraraghavan 2000)
Modificadofungal biomassa *Aspergillus niger*	Azul ácido 29	-	17.58	24 h	4	(Fuand Viraraghavan 2002)

Modificadofungal biomassa *Aspergillus niger*	Vermelho disperso 1 (C.I. 11110)	-	5.59	48 h	4	(Fuand Viraraghavan 2002)
Biomassa *rizópodo arrhizus*	Laranja reativo 16 (C.I. 17757)	-	190	20 h	2	(O'Mahony, Guibal et al. 2002)
Biomassa *rizópodo arrhizus*	Vermelho reativo 4 (C.I. 18105)	-	150	20 h	2	(O'Mahony, Guibal et al. 2002)
Biomassa *Rhizopus arrhizus*	Azul reativo 19 (C.I. 61200)	-	90	20 h	2	(O'Mahony, Guibal et al. 2002)
Fungo morto *Aspergillus niger*	Azul ácido 29	-	1.44-13.82	30 h	2	(Fuand Viraraghavan 2001)
Stoechospermum marginatum	Azul reativo 19	-	85.21	60 min	2	(Iqbal e Saeed 2007)

Adsorventes	Tipo de corante	Área de superfície (m g)$^{2-1}$	Capacidade de adsorção (mg g)$^{-1}$	Tempo de contacto	pH	Fonte
Stoechospermum marginatum (modificado com esponja Loofa - imobilizado)	Azul reativo 19	-	101.06	60 min	2	(Iqbal e Saeed 2007)

Cunninghamella elegans (modificado com liofilização)	Azul ácido 62	-	300	24 h	6	(Russo, Di Natale et al. 2010)
Cunninghamella elegans (modificado com liofilização)	Vermelho ácido 266	-	610	24 h	6	(Russo, Di Natale et al. 2010)
Phellinus igniarius	Azul de metileno	-	202.38	48 h	11	(Maurya, Mittal et al. 2006)
Phellinus igniarius	Rodamina B de base	-	36.82	48 h	3-5	(Maurya, Mittal et al. 2006)
Fomes fomentarius	Azul de metileno	-	232.73	48 h	11	(Maurya, Mittal et al. 2006)
Fomes fomentarius	Rodamina B de base	-	25.12	48 h	3-5	(Maurya, Mittal et al. 2006)
Rhizopus arrhizus	Amarelo RL		85.4	1440mi	2	(Aksu e Balibek 2010)

Os fungos são a biomassa mais bem sucedida na remoção de corantes. Os corantes podem ser dispostos por ordem decrescente de eficiência de remoção: corante reativo > corante ácido > corante básico. As capacidades máximas de adsorção de cerca de 600 mg g^{-1} foram atingidas para corantes reactivos e ácidos (Fig. 3, Tabela 6.4). A absorção máxima do corante básico situou-se na gama de 200 mg g^{-1} . Foram documentados muito poucos estudos sobre a remoção dispersa e direta de corantes utilizando biomassa fúngica; por conseguinte, esta área pode ser mais explorada. A biomassa *Rhizopus arrhizus* apresenta melhores resultados para o corante reativo a um pH mais baixo e a uma temperatura de 35 °C. O pH é geralmente mantido baixo (2-3), exceto para o corante básico (pH 11). A área de superfície da biomassa fúngica deve ser investigada para otimizar a adsorção. A biomassa viva de *Aspergillus niger* reflectiu um fraco desempenho para o corante básico em relação ao corante ácido. *A Cunninghamella elegans* (modificada com liofilização) pode ser a segunda melhor escolha para a remoção de corantes ácidos. No entanto, a sua eficácia para outras classes de corantes necessita de mais investigações. Os resultados do corante reativo são encorajadores, com uma capacidade moderada de cerca de 100 mg g^{-1} (Fig.3 d).

O desempenho do corante disperso não foi considerado bom, pelo que é necessário mais trabalho antes de se poder fundamentar tal afirmação.

6.5. Biomassa de levedura

As leveduras têm sido amplamente testadas para a remoção de corantes de águas residuais. As leveduras são fungos microscópicos unicelulares com células esféricas em brotamento e pseudo-micélios filamentosos alongados. A maioria das células de levedura são maiores do que as bactérias. As leveduras têm uma excelente capacidade de remoção de metais pesados e corantes tóxicos. Várias espécies como *Saccharomyces cerevisiae, Candida albicans, Rhizopus arrhizus, Penicillium. Chrysogenum e Aspergillus niger* têm sido utilizadas como bioadsorventes (Wang e Chen 2009). Nove leveduras secas foram investigadas para a remoção do corante reativo azul de remazole de águas residuais em diferentes condições experimentais. A bioadsorção máxima (250 mg g^{-1}) ocorreu numa concentração inicial de corante de 100 mg L^{-1} a um pH ácido (2) por *Candida lipolytica*. Os dados experimentais ajustaram-se melhor aos modelos de Langmuir e Freundlich, com exceção de apenas uma espécie *Candida membranaefaciens* (Aksu e Dönmez 2003). A biomassa seca da levedura de Baker, *S. cerevisiae*, foi utilizada como bioadsorvente para o corante básico azul de astrazona de águas residuais, que apresenta uma adsorção máxima de 70 mg g^{-1} a pH 7 e temperatura de 25°C. Os dados experimentais mostraram um melhor ajuste às isotérmicas de Langmuir, Freundlich e Temkin. Verificou-se também que a biomassa de levedura era mais eficiente em comparação com o carvão ativado granular comercial, o que é demonstrado apenas pela remoção de 18,5 mg g^{-1} (Farah, El-Gendy et al. 2007),

Tabela 6.5: Tratamento de diferentes corantes utilizando biomassa de levedura como adsorvente

Adsorventes	Tipo de corante	Área de superfície (m2 g-1)	Capacidade de adsorção (mg g-1)	Tempo de contacto	pH	Fonte
Levedura (*Saccharomyces cerevisiae*)	Negro de remazol reativo B	-	88.5	18 dias	3	(Aksu 2003)
Levedura (*Saccharomyces cerevisiae*)	Azul de remazol reativo	-	84.6	18 dias	3	(Aksu 2003)
Levedura (*Saccharomyces cerevisiae*)	Vermelho de remazol reativo RB	-	48.8	18 dias	3	(Aksu 2003)
Levedura *C. lipolytica*	Azul de remazol reativo	-	250	96 h	2	(Aksu e Dönme z 2003)
Levedura *C. quilliermendii*	Azul de remazol reativo	-	154	96 h	2	(Aksu e Dönme z 2003)

Adsorventes	Tipo de corante	Área de superfície (m2 g)$^{-1}$	Capacidade de adsorção (mg g^{-1})	Tempo de contacto	pH	Fonte
Levedura *C. tropicalis*	Azul de remazol reativo	-	182	96 h	2	(Aksu e Dönme z 2003)
Levedura *C. utilis*	Azul de remazol reativo	-	114	96 h	2	(Aksu e Dönme z 2003)
Levedura *Candida sp.*	Azul de remazol reativo	-	167	96 h	2	(Aksu e Dönme z 2003)
C. membranaefaciens	Azul de remazole reativo		95	96 h	2	(Aksu e Dönme z 2003)
Saccharomyces cerevisiae	Azul de remazole reativo		89	96 h	2	(Aksu e Dönme z 2003)
Schizosaccharomyces pombe	Azul de remazole reativo		87	96 h	2	(Aksu e Dönme z 2003)
Kluyveromyces marxianus	Azul de remazole reativo		89	96 h	2	(Aksu e Dönme z 2003)

Saccharomyces cerevisiae	Astrazone azul	70	4 h	7	(Farah, El-Gendy et al. 2007)
Saccharomyces cerevisiae (modificado com liofilização e CaCl2)	Verde malaquite básico	-	5-180 min	6.88	(Singh, Rani et al. 2012)

A literatura revelou a aplicação de leveduras como adsorvente para corantes reactivos na maioria dos casos (Tabela 6.5, Fig. 3). Este facto foi atribuído à excelente degradação enzimática desta classe de corantes (Lucas, Amaral et al. 2006). A levedura apresenta a maior capacidade de adsorção de corantes reactivos (250 mg g^{-1} pela levedura *Candida lipolytica),* e o seu potencial pode ser mais explorado para outras classes de corantes como os ácidos, diretos e dispersos. O pH é geralmente mantido baixo (2-3), exceto no caso de corantes básicos, em que é normalmente neutro. A bioacumulação do corante reativo leva à inibição do crescimento porque concentrações mais elevadas de corante afectam a sua atividade metabólica. *A Candida lipolytica* resiste aos efeitos tóxicos de uma maior concentração de corante e de um pH baixo, o que se reflecte na sua elevada capacidade de absorção de corante. É necessária uma investigação mais aprofundada sobre a levedura antes da sua aplicação em grande escala.

6.6. Biomassa de esgotos

Também foram testadas lamas de depuração como adsorvente, incluindo lamas digeridas, lamas activadas e biomassa proveniente de estações de tratamento de águas residuais. As estações de tratamento de águas residuais geram as lamas como resíduos,
o que constitui uma excelente oportunidade para a remoção de vários corantes (Rozada, Calvo et al. 2003). Parte dos micróbios provenientes do sistema de tratamento de águas residuais pode ser separada e utilizada para o tratamento de águas residuais contendo corantes como uma fonte de adsorvente barata e abundante. As lamas activadas contêm tanto protozoários como bactérias (Ozmihci e Kargi 2006). As paredes celulares bacterianas são essencialmente compostas por muitos componentes orgânicos como aminoácidos, lípidos, carboxilo, polissacáridos ácidos e outros compostos relacionados, que podem facilmente ligar-se a classes funcionais de corantes (Guibaud, Comte et al. 2005).

Tabela 6.6: Adsorção de corantes utilizando biomassa de esgoto

Adsorventes	Tipo de corante	Área de superfície (m g)$^{2-1}$	Capacidade de adsorção (mg g)$^{-1}$	Tempo de contacto	pH	Fonte
Lama activada em pó	Amarelo direto 12	-	98	24 h	3	(Kargi e Ozmihci 2004)
Lamas de depuração pirolisadas	Azul ácido 74 (Indigo carmim)	80	30.82	180 min	-	(Otero, Rozada et al. 2003)

Lamas de depuração pirolisadas	Violeta básico 3 (Básico violeta cristal)	80	184.68	90 min	-	(Otero, Rozada et al. 2003)
Lamas de depuração	Vermelho ácido 1	-	35-73	72 h	-	(Seredyc h e Bandosz 2007)
Lamas de depuração	Azul básico 9	-	114.94	-	-	(Otero, Rozada et al. 2003)
Lamas de depuração	Violeta básico 14 (base fucsina)	-	70^{-1} 27	72 h	-	(Seredyc h e Bandosz 2007)
Lamas de depuração brutas	Vermelho direto 79	5.28	19.6	24 h	6.4	(Dhaoua di e M'Henni 2008)
Lamas de depuração brutas	Cuba azul 4	5.28	248.3	24 h	9.2	(Dhaoua di e M'Henni 2008)

Adsorventes	Tipo de corante	Área de superfície (m g)$^{2\ -1}$	Capacidade de adsorção (mg g 1)	Tempo de contacto	pH	Fonte
Lamas de depuração activadas	Azul ácido 74 (índigo carmim)	390	60.04	165 min	-	(Otero, Rozada et al. 2003)
Lamas de depuração activadas	Basic violet 3 (violeta cristal básico)	390	270.88	20 min	-	(Otero, Rozada et al. 2003)

Lamas activadas	Azul básico 9	-	256.41	300 min	7	(Gulnaz, Kaya et al. 2004)
Lamas activadas	Vermelho básico 18	-	285.71	300 min	7	(Gulnaz, Kaya et al. 2004)
Lamas activadas	Azul reativo 2 (C.I. 61211)	-	250	240 min	7	(Aksu 2001)
Lamas activadas	Amarelo reativo 2 (CI 18972)	-	333.3	240 min	5	(Aksu 2001)
Biomassa de lamas activadas	Azul básico 3	-	36.5	6 h	-	(Chu e Chen 2002)
Biomassa de lamas activadas	Azul básico 47	-	157.5	6 h	-	(Chu e Chen 2002)
Biomassa de lamas activadas	Azul básico 54	-	86.6	6 h	-	(Chu e Chen 2002)
Biomassa de lamas activadas	Vermelho básico 18	-	133.9	6 h	-	(Chu e Chen 2002)
Biomassa de lamas activadas	Vermelho básico 29	-	113.2	6 h	-	(Chu e Chen 2002)
Biomassa de lamas activadas	Violeta básico 3	-	113.6	6 h	-	(Chu e Chen 2002)

Biomassa de lamas activadas	Amarelo básico 24	-	105.6	-	-	(Chu e Chen 2002)

A biomassa de esgoto mostra a capacidade de remoção para diferentes classes de corantes na seguinte ordem: básico

> reativo > direto > ácido > corante de cuba. A capacidade máxima de adsorção foi observada para o corante básico (300 mg g^{-1}) (Tabela 6.6, Fig. 3). A gama de pH foi, na sua maioria, baixa, isto é, 3-7, exceto para os corantes de cuba (pH 9,2). Poucos estudos estão documentados sobre a remoção de corantes de cuba; no entanto, os seus resultados iniciais são promissores. Ativado

As lamas de depuração pirolisadas produziram os melhores resultados para o corante básico devido à maior degradação microbiana dos corantes básicos. As lamas de depuração pirolisadas apresentaram uma remoção escassa do corante ácido devido à sua superfície carregada negativamente. A maioria dos estudos foi efectuada com o corante básico (Fig. 3b). É necessário um trabalho mais aprofundado sobre outros corantes; no entanto, os resultados são encorajadores para os corantes reactivos com uma remoção máxima de 333 mg g $.^{-1}$

Capítulo 7

7. Resíduos industriais

Durante a última década, surgiram sérias preocupações relativamente à eliminação segura dos resíduos industriais. A utilização deste recurso como adsorvente de baixo custo pode reduzir o seu volume e a poluição da água (Bhatnagar e Jain 2005). Os resíduos industriais, como as lamas inorgânicas, as escórias de alto-forno, as cinzas volantes e os resíduos de construção, foram referidos na literatura como potenciais adsorventes para a CW. Para além destes, uma variedade de outros materiais, como polímeros (Ravi, Bose et al. 2006), hidróxidos duplos em camadas (Bouraada, Lafjah et al. 2008, Bouraada, Belhalfaoui et al. 2009), borracha de resíduos de pneus (San Miguel, Fowler et al. 2002), óxido de grafeno (Yang, Chen et al. 2011), cinzas de fundo (Gupta, Mittal et al. 2004, Gupta, Ali et al. 2005), resíduos de folhas de chá preto, feto arbóreo (Ho, Chiang et al. 2005), soja não oleada (Gupta, Mittal et al. 2006, Gupta, Mittal et al. 2008), sementes *de Rosa canina* (Gurses, Dogar et al. 2006), e sulfureto de ferro sintético, alumina activada impregnada com alúmen, cimento de sorel e calcinado (Akar, Ozcan et al. 2008) também foram investigados como adsorventes promissores.

7.1. Lamas inorgânicas

As lamas obtidas durante a precipitação de iões metálicos das águas residuais da indústria de galvanoplastia foram estudadas para a remoção de corantes azóicos (Quadro 7.1) (Netpradit, Thiravetyan et al. 2004, Netpradit, Thiravetyan et al. 2004). A capacidade máxima de adsorção de 48-62 mg g^{-1} foi registada para corantes azo-reactivos. Este material tem uma carga positiva, pelo que o mecanismo de remoção dominante é a troca iónica. As lamas de alto-forno e as lamas de carvão foram investigadas (Jain, Gupta et al. 2003, Jain, Gupta et al. 2003, Jain, Gupta et al. 2003) e recomendadas como potenciais adsorventes para a remoção de corantes (Quadro 7.1). Os resíduos da indústria do couro carregados de crómio foram testados para a remoção de vermelho reativo (48 mg g^{-1} a pH neutro). A lama vermelha da indústria do alumínio é obtida como subproduto durante o processamento da bauxite, tendo sido testada para adsorção de vermelho direto (Namasivayam e Arasi 1997) e é sugerida como adsorvente económico, uma vez que o material é eliminado como resíduo. O processo seguiu a cinética de reação de primeira ordem e os dados resultantes obedeceram às isotérmicas de Freundlich e Langmuir.

Tabela 7.1: Lamas inorgânicas de várias fontes para a remoção de corantes

Adsorventes	Tipo de corante	Área de superfície (m g)$^{2 -1}$	Capacidade de adsorção (mg g)$^{-1}$	Tempo de contacto	pH	Fonte
Indústria do açúcar - lama (coluna)	Vermelho básico 22	-	519	3 dias	-	(Magd y e Daifull ah 1998)
Lama vermelha activada	Vermelho direto 28 (vermelho Congo)	-	7.08	90 min	7	(Tor e Cengel oglu 2006)
Lamas de alto-forno (BF)	Azul básico 6 (azul Meldolas)	28	67	120 min	6.5-7.5	(Jain, Gupta et al. 2003)

Lamas de alto-forno (BF)	Azul básico 9 (azul de metileno)	28	6.4	120 min	6.5-7.5	(Jain, Gupta et al. 2003)
Poeiras de alto-forno	Azul básico 9 (azul de metileno)	13	3.3	120 min	6.5-7.5	(Jain, Gupta et al. 2003)
Poeiras de alto-forno	Azul básico 6 (azul Meldolas)	13	34	120 min	6.5-7.5	(Jain, Gupta et al. 2003)
Alto-forno lama	Laranja básico2 (Chrysoidine G)	28	10.1	120 min	6.5-7.5	(Jain, Gupta et al. 2003)
Poeiras de alto-forno	Laranja básico2 (Chrysoidine G)	13	5.4	120 min	6.5-7.5	(Jain, Gupta et al. 2003)
Alto-forno lama	Basic violet 3 (violeta cristal básico)	28	25	120 min	6.5-7.5	(Jain, Gupta et al. 2003)

Adsorventes	Tipo de corante	Área de superfície (m g)$^{2-1}$	Capacidade de adsorção (mg g)$^{-1}$	Tempo de contacto	pH	Fonte
Poeiras de alto-forno	Basic violet 3 (violeta cristal básico)	13	11	120 min	6.5-7.5	(Jain, Gupta et al. 2003)
Forno de explosão lama	Azul ácido 113	28	2.1	180 min	7.0	(Jain, Gupta et al. 2003)
Forno de explosão lama	Amarelo ácido 36 (amarelo Metanil)	28	1.4	180 min	7.0	(Jain, Gupta et al. 2003)

Forno de explosão lama	Laranja de etilo	28	1.3	180 min	7.0	(Jain, Gupta et al. 2003)
Resíduos de lamas de carvão	Azul ácido 113	380	219	180 min	7.0	(Jain, Gupta et al. 2003)
Resíduos de lamas de carvão	Amarelo ácido 36 (amarelo Metanil)	380	211	180 min	7.0	(Jain, Gupta et al. 2003)
Resíduos de lamas de carvão	Laranja de etilo	380	198	180 min	7.0	(Jain, Gupta et al. 2003)
Resíduos de lamas de carvão	Azul básico 6 (azul Meldolas)	380	170	120 min	6.5-7.5	(Jain, Gupta et al. 2003)
Resíduos de lamas de carvão	Azul básico 9 (azul de metileno)	380	92	120 min	6.5-7.5	(Jain, Gupta et al. 2003)
Resíduos de lamas de carvão	Basicorange2 (Chrysoidine G)	380	75	120 min	6.5-7.5	(Jain, Gupta et al. 2003)
Resíduos de lamas de carvão	Basic violet 3 (violeta cristal básico)	380	161	120 min	6.5-7.5	(Jain, Gupta et al. 2003)

Adsorventes	Tipo de corante	Área de superfície (m g)2 -1	Capacidade de adsorção (mg g)-1	Tempo de contacto	pH	Fonte
Resíduos de couro com crómio	Vermelho reativo X6BN Sandoz	-	48	24 h	7	(Olivei ra, Gonçal ves et al. 2007)
Hidróxido de Fe(III)/Cr(III)	Azul básico 9	-	22.8	40 min	10	(Nama sivaya m e Sumith ra 2005)

Hidróxido de Fe(III)/Cr(III)	Vermelho direto 12B	-	5.0	60 min	3	(Nama sivaya m e Sumith ra 2005)
Resíduos Do papel indústria, casca de pinheiro	Verde básico 4 (Verde malaquite básico)	-	-	1 h	7.95	(Mend ez, Fernan dez et al. 2007)
Lamas de hidróxidos metálicos	Azul reativo 19	-	275	24 h	4	(Santos , Vilar et al. 2008)
Lama vermelha	Vermelho direto 28	-	4.05	90 min	7.3	(Nama sivaya m e Arasi 1997)
Pasta residual de biogás	Vermelho direto 12B	-	3.46	200 min	5.55	(Nama sivaya m e Yamun a 1995)
Adsorvente anfotérico à base de palha	Azul básico 9 (azul de metileno)	-	33.4	2 h	10	(Zhang , Yang et al. 2012)

As lamas inorgânicas reflectem a remoção do corante pela seguinte ordem: corante básico > reativo > ácido > corante direto (Fig. 3). As capacidades máximas de adsorção dos corantes básicos, reactivos e ácidos são de 519 mg g^{-1} , 275 mg g^{-1} e 219 mg g^{-1} , respetivamente. Poucos estudos foram relatados sobre o corante direto; no entanto, os resultados iniciais foram não é bom. Não existem estudos sobre a remoção de corantes dispersos; por conseguinte, esta área pode ser mais explorada. O pH é geralmente mantido neutro ou um pouco baixo (4-7), exceto no caso de corantes básicos (pH 10). As lamas da indústria açucareira e o chorume de carbono parecem ser uma boa opção para a remoção de corantes básicos e outros. No entanto, são necessários mais estudos para uma comercialização sustentável. Nesta categoria de adsorventes, a área de superfície não foi muito importante e é comparativamente baixa (28-380 m^2 g). As lamas de alto-forno revelam maus resultados na remoção de corantes ácidos e básicos. É necessário efetuar um estudo mais aprofundado dos corantes diretos e reactivos. A remoção de corantes básicos e diretos não é encorajadora. Parece funcionar com corantes reactivos, mas são necessários mais dados para que esta afirmação possa ser fundamentada.

7.2. Escória de alto-forno

As fábricas de aço produzem um grande volume de escórias granulares de alto-forno como subproduto, o que causa o problema da eliminação. Está a ser utilizada como material de enchimento ou na produção de cimento de escória. Foi convertida num adsorvente eficaz e económico para alguns poluentes orgânicos tóxicos da água e das águas residuais (Quadro 7.2). A escória de alto-forno mostrou uma remoção de 99,9% do corante básico verde malaquite, o que reflecte a sua aplicabilidade na remoção de corantes (Gupta, Srivastava et al. 1997). O adsorvente de escória de alto-forno é barato, facilmente disponível e pode também ser regenerado quimicamente com recuperação simultânea do material adsorvente.

A capacidade de adsorção das escórias de alto-forno foi, em geral, muito fraca para os corantes básicos (capacidade de adsorção média de 2,5 mg g^{-1}), como mostra a Fig. 3. No entanto, o seu potencial de remoção pode ser testado noutras classes de corantes. O pH é maioritariamente mantido neutro (6,5-7,5) no caso dos corantes básicos, pelo que pode ser aplicado no terreno sem qualquer pré-tratamento.

7.3. Cinzas volantes

As cinzas volantes são produzidas em grandes quantidades nas centrais térmicas a carvão. Normalmente, estão disponíveis a custo zero ou são utilizadas em processos de construção. Tendo em conta os problemas de eliminação e a elevada disponibilidade, foi investigada para a remoção de corantes ácidos e básicos, e os dados obedeceram à cinética de primeira ordem e ajustaram-se melhor às isotérmicas de Freundlich e Langmuir (Viraraghavan e Ramakrishna 1999). A natureza endotérmica

Tabela 7.2: Escória de alto-forno para remoção de corantes

Adsorventes	Tipo de corante	Área de superfície (m g $)^{2 -1}$	Capacidade de adsorção (mg g $)^{-1}$	Tempo de contacto	pH	Fonte
Escória de alto-forno	Azul básico 6 (azul Meldolas)	4	3.7	120 min	6.5 7.5	(Jain, Gupta et al. 2003)
Escória de alto-forno	Azul básico 9 (azul de metileno)	4	2.1	120 min	6.5 7.5	(Jain, Gupta et al. 2003)
Escória de alto-forno	Laranja básico 2 (Crisoidina G)	4	1.9	120 min	6.5 7.5	(Jain, Gupta et al. 2003)
Escória de alto-forno	Basic violet 3 (violeta cristal básico)	4	3	120 min	6.5 7.5	(Jain, Gupta et al. 2003)

de cinzas volantes foi observada durante a remoção de violeta cristal básico (5,5 mg g-1) e rosanilina cloridrato (32,97 mg g^{-1}) (Mohan, Singh et al. 2002). O processo de adsorção favoreceu o tamanho pequeno das partículas de cinzas volantes e seguiu a cinética de primeira ordem. A mistura de cinzas volantes de diferentes fontes e substratos revelou capacidades de adsorção variáveis para o ácido (82,8 mg g^{-1}) que aumentaram com pH baixo (2-4) e corantes básicos (5,51 mg g^{-1}) que reflectiram uma tendência oposta a pH baixo (Janos et al., 2003). As cinzas volantes de carvão também foram documentadas para a remoção de corantes ácidos e básicos sem qualquer pré-tratamento (Tabela 7.3) (Wang e Wu 2006).

Tabela 7.3: Cinzas volantes de várias fontes para adsorção de corantes,

Adsorventes	Tipo de corante	Área de superfície (m2 g $)^{-1}$	Capacidade de adsorção (mg g $)^{-1}$	Tempo de contacto	pH	Fonte
Flyash-Czech República	Preto ácido 26	5.47	2.31	72 h	2-4	(Janos, Buchto va et al. 2003)
Flyash-Czech República	Laranja ácido 7	5.47	82.82	72 h	2-4	(Janos, Buchto va et al. 2003)
Flyash-Czech República	Vermelho ácido 1	5.	71.57	72 h	2-4	(Janos, Buchto va et al. 2003)
Cinzas volantes	Metomega laranja cromado	-	0.7428	110 min	-	(Gupta e Shukla 1996)
Cinzas volantes (tratadas com H2SO4)	Azul básico 9 (azul de metileno)	6.236	0.671	72 h	10 12	(Lin, Zhan et al. 2008)
Cinzas volantes	Azul básico 9 (azul de metileno)	15.6	6.397	100, 400 h	10	(Wang, Boyjoo et al. 2005)

Flyash-Czech República	Azul básico 9	5.47	6.4	72 h	8-10	(Janos, Buchto va et al. 2003)
Flyash-Czech República	Violeta básico 10	5.47	5.508	72 h	8-10	(Janos, Buchto va et al. 2003)
Cinzas volantes - Eslováquia	Azul básico 9	3.26	1.47	72 h	8-10	(Janos, Buchto va et al. 2003)
Cinzas volantes - Eslováquia	Violeta básico 10	3.26	1.988	72 h	8-10	(Janos, Buchto va et al. 2003)
Cinzas volantes com elevado teor de cal	Preto reativo 5	5.35	7.184	60 min	5.64	(Eren e Acar 2007)

As cinzas volantes foram aplicadas com maior sucesso na remoção de corantes ácidos do que de corantes básicos e reactivos. A capacidade máxima de adsorção é inferior a 100 mg g^{-1} em todos os casos, como mostra a Fig. 3. Foram realizados muito poucos estudos sobre o corante reativo e os resultados iniciais não foram encorajadores. No entanto, pode ser utilizado para a remoção de corantes quando está disponível em excesso. O pH é mantido baixo (2-4) para o corante ácido e alto (8-10) para o corante básico (Tabela 7.3). A razão é que os corantes ácidos e básicos adquirem cargas aniónicas e catiónicas, respetivamente, quando dissolvidos em água. Além disso, a um pH ácido, a superfície do adsorvente fica carregada positivamente e favorece a remoção de corantes aniónicos (ácidos). Do mesmo modo, a um pH básico, a superfície do adsorvente fica carregada negativamente e favorece a remoção do corante catiónico (básico).

7.4. Resíduos de construção

Os materiais de resíduos de construção foram investigados por vários investigadores para a remoção de corantes de águas residuais (Tabela 7.4). O pó de serra de cedro, o tijolo triturado e a perlite foram testados em sistemas de colunas de leito fixo e descontínuo para a remoção de azul de metileno (Dogan e Alkan 2003, Hamdaoui 2006) e em fornos de cimento para a remoção direta de corantes (Saraya, Aboul-Fetouh et al. 2011). O bambu foi utilizado como andaime durante a construção, o que também pode ser testado para a remoção do amarelo ácido 117 e do azul 25 (Chan, Cheung et al. 2009). O pó de tijolo foi testado para a remoção de vários corantes (Kaushik, Tuteja et al. 2009) e o betão celular/Fe2O3 foi utilizado para a degradação do índigo carmim (de Andrade, de Lima et al. 2012). Os resíduos de construção foram testados apenas para a remoção de corante básico, onde os resultados parecem encorajadores, apesar da baixa área de superfície (5,7 m^2 g^{-1}). A capacidade de adsorção média global dos resíduos de construção para o corante básico foi de cerca de 90 mg g^{-1} (Fig. 3), superior à das cinzas volantes, das escórias de alto-forno, das lamas inorgânicas e da biomassa não viva. É necessário efetuar estudos sobre outros corantes. A serradura de cedro apresentou bons resultados na remoção de corantes básicos. O gesso também pode ser investigado para outras classes de corantes.

Tabela 7.4: Resíduos de construção para remoção de corantes

Adsorventes	Tipo de corante	Área de superfície ($m^2 g^{-1}$)	Capacidade de adsorção ($mg g^{-1}$)	Tempo de contacto	pH	Fonte
Serragem de cedro	Azul básico 9 (azul de metileno)	-	142.36	5 h	7	(Hamdaoui 2006)
tijolo triturado	Azul básico 9 (azul de metileno)	-	96.41	5 h	7	(Hamdaoui 2006)
Gesso	Azul de toluidina (azul básico 17)	5.67	28	1 h	6.5	(Rauf, Qadri et al. 2009)
Gesso	Vermelho básico 46	5.67	39.17	1 h	8	(Deniz e Saygideger 2010)

Capítulo 8

8. Biossorção competitiva de misturas de corantes

As águas residuais coloridas são normalmente uma mistura de muitos compostos em vez de uma única espécie contaminante. Os componentes desta mistura podem ser NaOH, CH4N2O, metais pesados como Cu (II), Cr (VI) (III), Ni, Zn, Ca, K, Mg e vários corantes. A interação destes compostos pode desempenhar um papel importante durante o processo de adsorção. Podem aumentar ou inibir mutuamente a capacidade de adsorção (Shen, Fan et al. 2009). O NaOH aumenta a porosidade dos bioadsorventes, removendo os componentes hidrofóbicos (proteínas, pectina, ceras). A ureia (CH4N2O) também pode aumentar a capacidade de ligação dos corantes aos bioadsorventes, dissolvendo os corantes e mantendo-os húmidos até ao processo de ligação. Os iões metálicos podem inibir o processo de adsorção ocupando os sítios de ligação na superfície do adsorvente; no entanto, alguns podem desenvolver cargas atractivas para corantes específicos. Para estudar o comportamento de adsorção de misturas de corantes, é importante determinar simultaneamente as várias concentrações de corantes na amostra através dos espectros de ordem zero (Turabik 2008). O comportamento de adsorção de corantes durante a mistura de sistemas binários e terciários é apresentado na Tabela 8.1. A adsorção competitiva de misturas de corantes para os sítios activos do adsorvente resulta geralmente numa baixa remoção de corantes. Num sistema binário (Janaki, Vijayaraghavan et al. 2012), o azul brilhante reativo R (RBBR) mostrou maior atração em comparação com o laranja reativo 16 (RO) porque o primeiro era uma espécie di-sulfonada e exigia mais grupos amino na superfície da polianilina/substâncias poliméricas extracelulares. Além disso, poderá ser o elevado valor de saturação do corante para a maioria dos sítios activos na matriz polimérica. O modelo de Sheindorf-Rehbun-Sheintuch é o que melhor se adapta aos dados de adsorção binária e, nalguns casos, o modelo de Langmuir alargado também é aplicável. O modelo inclui um coeficiente competitivo, baseado no pressuposto de que existe uma distribuição exponencial das energias de adsorção disponíveis para cada soluto.

O modelo de quitosano reticulado revelou maior adsorção tanto para o Remazol black 5 (RB5) como para o Remazol brilliant orange 3 R (3R) (2941 mg g -1). Durante a adsorção competitiva de ambos os corantes, a absorção diminuiu 10 % a 40 % para o RB5 e o 3R, respetivamente. O modelo Dubinnin-Radushkevich é o que melhor se ajusta aos dados e a dessorção incompleta revelou a natureza dupla dos processos de adsorção, ou seja, a fisissorção e a quimissorção (Chen e Huang 2010). O sistema de adsorção terciária para a adsorção de Remazol amarelo reativo (RRY), Remazol preto reativo (RRB), Remazol vermelho reativo (RRR) no carvão ativado (Filtosorb 400) revelou a fisissorção. Os modelos de Langmuir e de Redlish-Peterson são os que melhor se ajustam aos dados de adsorção, o que representa a adsorção em monocamada e locais separados para a ligação superficial de cada corante. A competição negligenciável de diferentes corantes pelos sítios de ligação indicou a especificidade dos sítios de superfície contra uma molécula de corante específica (Chen e Huang 2010).

Tabela 8.1: Adsorção competitiva de várias misturas de corantes na superfície do adsorvente

Adsorventes	Mistura de corantes	Modelo de adsorção	Temp. (°C)	Adsorção Tipo	Adsorção (mg g -1)	Fonte
Polianilina/substâncias poliméricas extracelulares	RBBR, RO	Sheindorf-Rehbun-Sheintuch	30-50	quimisorção	140.7, 195.3	(Janaki, Vijayaraghavan et al. 2012)
Quitosano reticulado de modelo	RB5, 3 R	Dubinnin-Radushkevich	30	fisissorção e quimissorção	1841,1100 (Total 2941)	(Chen e Huang 2010)

Adsorventes	Mistura de corantes	Modelo de adsorção	Temp. (°C)	Adsorção Tipo	Adsorção (mg g -1)	Fonte
Nanotubos de carbono de paredes múltiplas	Azul de metileno, Vermelho ácido 183	Psudo segundo cinética da ordem	25	quimisorção	80, 53	(Wang, Ng et al. 2012)
Filtrasorb 400 AC	Amarelo reativo Remazol, Remazol reativo preto, Remazol vermelho reativo	Langmuir e Redlish-Peterson	30	fisissorção	590, 140, 65	(Al- Degs, Khraish eh et al. 2007)
Bentonite	Amarelo básico 28, Vermelho básico 46	Langmuir e Freundlich	20-60	fisissorção e quimisorção	165.5, 120,5 (total 286.0)	(Turabik 2008)
Palha de trigo	Cibacron vermelho, Remazol azul-marinho, Remazol vermelho, Cibacron laranja, Remazol dourado amarelo, azul Remazol, azul turquesa Remazol, Remazol preto B		20-45		16	(Nigam, Armour etal . 2000)

O comportamento de adsorção de um corante pode ser diferente quando este é tratado como um único soluto em comparação com uma mistura. Depende da especificidade de uma molécula de corante (estrutura, solubilidade) para o tipo específico de adsorvente (área de superfície, grupos funcionais, natureza exotérmica ou endotérmica, porosidade) e vice-versa. Por conseguinte, é necessária uma abordagem viável para testar os adsorventes para o tratamento de CW (mistura de corantes) e para tornar a tecnologia de adsorção mais aplicável à escala do terreno. No entanto, o potencial dos restantes adsorventes (Fig.2) para a remoção de corantes das suas diferentes misturas deve ser explorado. Em especial, as biomassas florestais e agrícolas podem ser investigadas para misturas CW devido à sua grande disponibilidade e variedade de grupos funcionais de superfície. A gama de temperaturas de 30°C a 50°C foi registada para a remoção de corantes, no entanto, o aumento da temperatura favorece o processo de adsorção apenas no caso da quimisorção. Para além disso, têm de ser desenvolvidas isotermas e modelos mono e multicomponentes para descrever os mecanismos de adsorção de corantes em soluções binárias ou terciárias. Os estudos existentes centram-se maioritariamente nas misturas de corantes e os restantes constituintes (metais, sais) que fazem parte da CW devem ser considerados em estudos futuros.

Capítulo 9

9. Comparação de adsorventes eficazes e suas futuras aplicações na remoção de corantes

A literatura revela que a capacidade de adsorção de vários adsorventes depende da sua aplicação para diferentes tratamentos de corantes, devido à natureza heterogénea da superfície de vários adsorventes e à química de diferentes corantes. Na literatura revista, os corantes utilizados na indústria têxtil podem ser classificados como básicos > ácidos > reactivos > diretos, com base na sua prioridade de utilização (Fig. 3). Além disso, a remoção mais bem sucedida de diferentes corantes foi observada na ordem de corantes básicos > reactivos > ácidos > diretos. O material natural reflectiu a melhor remoção para os corantes básicos (1667 mg g^{-1}) a pH (5-10). Seguem-se as biomassas florestais e agrícolas como segunda escolha, com uma absorção de corante de 1119 mg g^{-1} . O CAC é o terceiro com a absorção máxima de corante básico de 980 mg g^{-1} . No entanto, as cinzas volantes e as escórias de alto-forno apresentam a menor eficiência com uma remoção de corante de 80 mg g^{-1} e 3,7 mg g^{-1} respetivamente (Fig. 3). Os melhores adsorventes para a remoção de corante ácido foram observados, na gama de pH de 1 a 5, dispostos da seguinte forma: biomassa não viva de quitosano, 1954 mg g^{-1}) > LAC (1660 mg g^{-1}) > material natural (740 mg g^{-1}) > biomassa florestal e agrícola (673 mg g^{-1}) > CAC (150 mg g^{-1}) > cinzas volantes (80 mg g^{-1}) (Fig. 3).

Para a remoção direta do corante, o estudo de vários adsorventes revelou a seguinte ordem: biomassa não viva (2350 mg g^{-1}) > biomassa de esgotos (98 mg g^{-1}) > LAC (49 mg g^{-1}) > cinzas volantes (Fig. 3). A maioria dos estudos foi efectuada a pH neutro. No entanto, para o tratamento de corantes reactivos, os diferentes adsorventes foram dispostos pela seguinte ordem: biomassa não viva (2498 mg g^{-1}) > carvão ativado comercial (1111 mg g^{-1}) > material natural (950 mg g^{-1}) > fungos (588 mg g^{-1}) > algas (550 mg g^{-1}) > levedura (250 mg g^{-1}). As biomassas florestais e agrícolas e as cinzas volantes foram menos eficientes na remoção de corantes reactivos (Fig. 3).

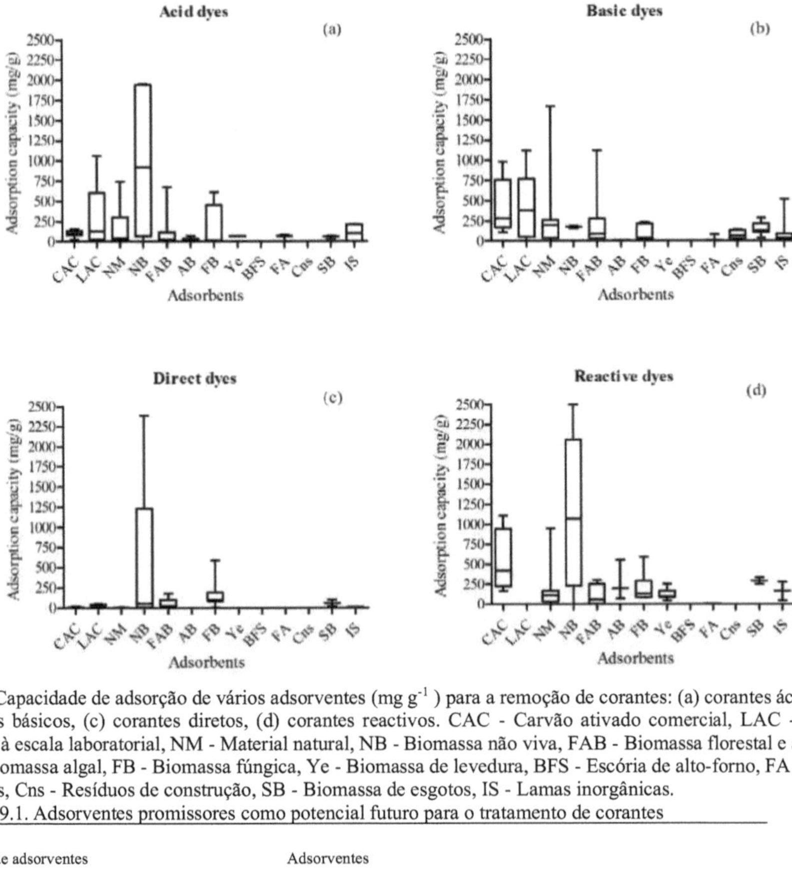

Fig. 3. Capacidade de adsorção de vários adsorventes (mg g^{-1}) para a remoção de corantes: (a) corantes ácidos, (b) corantes básicos, (c) corantes diretos, (d) corantes reactivos. CAC - Carvão ativado comercial, LAC - Carvão ativado à escala laboratorial, NM - Material natural, NB - Biomassa não viva, FAB - Biomassa florestal e agrícola, AB - Biomassa algal, FB - Biomassa fúngica, Ye - Biomassa de levedura, BFS - Escória de alto-forno, FA - Cinzas volantes, Cns - Resíduos de construção, SB - Biomassa de esgotos, IS - Lamas inorgânicas.

Tabela 9.1. Adsorventes promissores como potencial futuro para o tratamento de corantes

Tipos de adsorventes	Adsorventes

AC comercial	CAG filtrasorb 400 (CHEMVIRON)
AC à escala laboratorial	CAG à base de pinhas e sabugo de milho
Materiais naturais	Alunite calcinada, dolomite carbonizada
Biomassa não viva	Quitosano
Resíduos florestais e agrícolas usadas	casca de arroz, sementes de papaia, resíduos de algodão, folhas de chá
Lamas inorgânicas	Lamas activadas

Os adsorventes mais bem sucedidos na remoção de corantes foram observados pela ordem: biomassa não viva > material natural > biomassa florestal e agrícola > LAC > lamas inorgânicas > CAC > cinzas volantes > escórias de alto-forno (Fig. 3, Tabela 9.1). Na maioria dos casos, as biomassas não vivas requerem alguns pré-tratamentos, o que as torna uma escolha difícil para a remoção de corantes. A versatilidade dos materiais naturais, bem como das biomassas florestais e agrícolas, reflectiu-se na sua remoção para a maioria das classes de corantes. Embora os resíduos de construção tenham algum potencial como adsorvente, é necessário mais trabalho para revelar a sua eficiência na remoção de corantes. Apesar da maior área de superfície do CAC, este apresentou uma fraca eficiência na adsorção de corantes, o que reflecte a importância da química da superfície do adsorvente. As algas, os fungos, as leveduras e a biomassa de esgotos, apesar de terem uma área de superfície mais pequena, mostraram uma remoção bem sucedida de corantes em intervalos de pH mais baixos. O CA à escala laboratorial preparado a partir de materiais mais baratos e disponíveis localmente pode ser um melhor substituto do CAC em termos de capacidade de remoção de corantes; no entanto, precisa de ser mais explorado para diferentes classes de corantes. No caso de diferentes misturas de corantes, o quitosano e o CA foram mais bem utilizados para a adsorção de corantes em sistemas binários e terciários, enquanto a palha de trigo reflectiu uma menor absorção com resultados iniciais encorajadores.

Da análise atual da literatura disponível, é bastante evidente que as economias baseadas na agricultura possuem uma variedade de biossorventes de resíduos de baixo custo e em grande quantidade. Apesar das excelentes capacidades de sequestro de corantes, os biossorventes à base de biomassa de esgotos, algas/fungos e leveduras são os menos investigados (Fig. 3), exigindo uma maior exploração. Do mesmo modo, os materiais residuais da indústria, como escórias, cinzas volantes, lamas inorgânicas e construção, também não têm sido muito utilizados. A área de superfície da biomassa de algas, fungos e leveduras precisa de ser explorada para descobrir o seu impacto na absorção do corante. Há poucos estudos documentados sobre a remoção de corantes de cuba através de biomassa de águas residuais, apesar dos resultados promissores. Por conseguinte, este domínio deve ser objeto de uma investigação aprofundada. As cinzas volantes foram aplicadas com maior sucesso na remoção de corantes ácidos, provavelmente devido à sua superfície carregada positivamente, em comparação com corantes básicos e reactivos, pelo que é necessária uma investigação mais aprofundada. Os adsorventes provenientes de materiais florestais e agrícolas têm sido amplamente utilizados no tratamento de corantes de uso corrente. No entanto, é necessário mais trabalho em classes de corantes tóxicos ácidos, diretos e dispersos não testados. A biomassa não viva e os materiais naturais revelaram-se eficazes para as principais classes de corantes, exceto os corantes dispersos e de cuba. Por conseguinte, esta área pode ser mais explorada. A CA comercial pode ser mais explorada para a remoção de corantes ácidos e diretos, tendo em conta o seu desempenho eficaz noutras classes de corantes. É ainda necessário muito trabalho para preparar CA à escala laboratorial com áreas de superfície mais elevadas e melhores eficiências para a remoção de grupos de corantes ácidos e básicos. Além disso, são necessários esforços para explorar o potencial do LAC para o tratamento de grupos de corantes diretos e reactivos. A autenticação sobre a química e a formulação de corantes amplamente utilizados ainda não existe devido a certos constrangimentos legais e de direitos de autor, o que coloca um ponto de interrogação óbvio quanto à sua eliminação absolutamente segura do ponto de vista ambiental. É necessário passar das classes de corantes rigorosamente investigadas para uma vasta gama de outros corantes tóxicos menos estudados e ilicitamente utilizados. Além disso, o potencial adsorvente das biomassas florestais e agrícolas pode ser investigado para misturas CW devido à sua grande disponibilidade e variedade de grupos funcionais de superfície. Para além disso, devem ser desenvolvidos modelos de mono e múltiplos componentes para descrever os mecanismos de adsorção de corantes em soluções binárias ou terciárias e para tornar a tecnologia de adsorção mais aplicável à escala industrial.

Referências

Abdullah, M. O., et al. (2011). "Sistema de ar condicionado de adsorção para automóveis utilizando carvão ativado à base de biomassa de óleo de palma: A review." Renewable and Sustainable Energy Reviews **15**(4): 2061-2072.

Abrahart, E. N. (1977). Dyes and Their Intermediates, Edward Arnold.

Aguayo-Villarreal, I. A., et al. (2013). "Mecanismo de sorção de corantes aniónicos em cascas de noz-pecã (*Carya illinoinensis*) usando sistemas contínuos e em lote". Industrial Crops and Products **48**: 89-97.

Ahmad, R. (2009). "Estudos sobre a adsorção de corante violeta cristalino de solução aquosa em pó de casca de pinheiro conífero (CPBP)." Journal of Hazardous Materials **171**(1-3): 767-773.

Ahmad, R. e R. Kumar (2010). "Estudos de adsorção de verde de malaquite perigoso em resíduos de gengibre tratados". Journal of Environmental Management **91**(4): 1032-1038.

Ahmad, R. e R. Kumar (2010). "Remoção por adsorção do corante vermelho congo de uma solução aquosa utilizando carbono de casca de bael". Appl. Surf. Sci. **257**(5): 1628-1633.

Ajbary, M., et al. (2013). "Remoção de corante catiónico amarelo básico por uma dispersão aquosa de stevensite marroquina". Appl. Clay Sci. **80**: 46-51.

Akar, T., et al. (2008). "Biossorção de um corante têxtil (Acid Blue 40) por biomassa de cone de Thuja orientalis: Estimativa dos parâmetros de equilíbrio, termodinâmicos e cinéticos". Bioresource Technology **99**(8): 3057-3065.

Akmil-Basar, C., et al. (2005). "Adsorção de verde de malaquite de alta concentração por dois carvões activados com diferentes estruturas porosas". Journal of Hazardous Materials **127**(1): 73-80.

Aksu, Z. (2001). "Biosorção de corantes reactivos por lamas activadas secas: equilíbrio e modelação cinética." Biochemical Engineering Journal **7**(1): 79-84.

Aksu, Z. (2003). "Bioacumulação de corantes reactivos por *Saccharomyces cerevisiae*". Process Biochemistry **38**(10): 1437-1444.

Aksu, Z. e E. Balibek (2010). "Efeito da salinidade na biossorção de corantes de complexos metálicos por *Rhizopus arrhizus*". Journal of Environmental Management **91**(7): 1546-1555.

Aksu, Z. e G. Dönmez (2003). "Um estudo comparativo das caraterísticas de biossorção de algumas leveduras para
Corante reativo Remazol Blue". Chemosphere **50**(8): 1075-1083.

Aksu, Z. e S. Tezer (2000). "Equilíbrio e modelação cinética da biossorção de Remazol Black B por *Rhizopus arrhizus* num sistema descontínuo: efeito da temperatura." Process Biochemistry **36**(5): 431-439.

Aksu, Z. e S. Tezer (2005). "Biosorção de corantes reactivos na alga verde *Chlorella vulgaris*". Process Biochemistry **40**(3-4): 1347-1361.

Al-Degs, Y., et al. (2000). "Efeito da química da superfície do carbono na remoção de corantes reactivos de efluentes têxteis". Water Research **34**(3): 927-935.

Al-Degs, Y., et al. (2001). "Comportamento de sorção de corantes catiónicos e aniónicos de soluções aquosas em diferentes tipos de carvões activados." Sep. Purif. Technol. **36**(1): 91-102.

Al-Degs, Y., et al. (2007). "Adsorção competitiva de corantes reactivos a partir de solução: Equilibrium isotherm studies in single and multisolute systems". Chemical Engineering Journal **128**(2): 163-167.

Al-Ghouti, M., et al. (2003). "A remoção de corantes de águas residuais têxteis: um estudo das caraterísticas físicas e dos mecanismos de adsorção da terra de diatomáceas." Journal of Environmental Management **69**(3): 229-238.

Ali, I. e V. Gupta (2007). "Avanços no tratamento de água por tecnologia de adsorção". Nature Protocols **1**(6): 2661-2667.

Allen, S. J., et al. (2003). "Comparação de modelos de isoterma optimizados para adsorção de corantes básicos por kudzu." Bioresource Technology **88**(2): 143-152.

ALzaydien, A. S. (2009). "Adsorção de azul de metileno de uma solução aquosa num trípoli natural jordano de baixo custo". Am. J. Environ. Sci. **5**(3): 197.

Amin, N. K. (2009). "Remoção do corante azul-106 direto de uma solução aquosa utilizando novos carvões activados desenvolvidos a partir de casca de romã: Adsorption equilibrium and kinetics". Journal of Hazardous Materials **165**(1): 52-62.

Amin, N. K. (2009). "Remoção do corante azul-106 direto de uma solução aquosa utilizando novos carvões activados desenvolvidos a partir de casca de romã: Adsorption equilibrium and kinetics". Journal of Hazardous Materials **165**(13): 52-62.

Annadurai, G., et al. (2002). "Utilização de resíduos à base de celulose para adsorção de corantes de soluções aquosas". Journal of Hazardous Materials **92**(3): 263-274.

Arami, M., et al. (2005). "Remoção de corantes de águas residuais têxteis coloridas por adsorvente de casca de laranja: estudos de equilíbrio e cinéticos". Journal of Colloid and Interface Science **288**(2): 371-376.

Arami, M., et al. (2006). "Estudos de equilíbrio e cinética para a adsorção de corantes diretos e ácidos de uma solução aquosa por casca de farinha de soja". Journal of Hazardous Materials **135**(1-3): 171-179.

Asfour, H., et al. (1985). "Estudos de equilíbrio sobre a adsorção de corantes básicos em madeira dura". Journal of Chemical Technology and Biotechnology. Chemical Technology **35**(1): 21-27.

Auta, M. e B. Hameed (2013). "Contas de argila locais modificadas com ácido como adsorvente eficaz de baixo custo para adsorção dinâmica de azul de metileno". Jornal de Química Industrial e de Engenharia **19**: 1153-1161.

Auta, M. e B. H. Hameed (2011). "Carvão ativado de chá residual optimizado para adsorção de corantes Azul de Metileno e Azul Ácido 29 utilizando metodologia de superfície de resposta". Chemical Engineering Journal **175**(0): 233-243.

Aydin, A., et al. (2004). "Remoção de corantes ácidos utilizando adsorventes de baixo custo". Revista internacional de ambiente e poluição **21**(1): 97-104.

Aygün, A., et al. (2003). "Produção de carvão ativado granular a partir de caroços de fruta e cascas de nozes e avaliação das suas propriedades físicas, químicas e de adsorção." Microporous and mesoporous Materials **66**(2): 189-195.

Banat, F., et al. (2003). "Avaliação da utilização de caroços de tâmaras crus e activados como potenciais adsorventes para águas contendo corantes." Process Biochemistry **39**(2): 193-202.

Barakat, M. A. (2011). "Novas tendências na remoção de metais pesados de águas residuais industriais". Arabian J. Chem. **4**(4): 361-377.

Barka, N., et al. (2011). "Remoção de Azul de Metileno e Eriocromo Preto T de soluções aquosas por biossorção em *Scolymus hispanicus L.*: Cinética, equilíbrio e termodinâmica." Journal of the Taiwan Institute of Chemical Engineers **42**(2): 320-326.

Batzias, F. e D. Sidiras (2004). "Adsorção de corantes por serradura de faia tratada com cloreto de cálcio em sistemas descontínuos e de leito fixo." Journal of Hazardous Materials **114**(1): 167-174.

Bhaskar, M., et al. (2003). "Análises de aminas aromáticas cancerígenas libertadas de corantes azóicos nocivos por *Streptomyces SP*. SS07." Journal of Chromatography A **1018**(1): 117-123.

Bhatnagar, A. e A. K. Jain (2005). "Um estudo comparativo de adsorção com diferentes resíduos industriais como adsorventes para a remoção de corantes catiónicos da água". Journal of Colloid and Interface Science **281**(1): 49-55.

Bhattacharyya, K. G. e A. Sharma (2005). "Cinética e termodinâmica da adsorção de azul de metileno em pó de folhas de Neem (*Azadirachta indica*)." Dyes and Pigments **65**(1): 51-59.

Bilal, M., et al. (2013). "Adsorventes de biomassa residual para remoção de cobre de águas residuais industriais - uma revisão". Journal of Hazardous Materials ***no prelo***.

Bouraada, M., et al. (2009). "Estudo de sorção de um corante ácido de uma solução aquosa em hidróxidos duplos em camadas de Mg-Al modificados". Journal of Hazardous Materials **163**(1): 463-467.

Bouraada, M., et al. (2008). "Remoção de corantes básicos de soluções aquosas por hidrotalcite intercalada com dodecilsulfato e dodecilbenzeno sulfonato". Journal of Hazardous Materials **153**(3): 911-918.

Bouzaida, I. e M. Rammah (2002). "Adsorção de corantes ácidos em algodão tratado num sistema contínuo". Ciência e Engenharia de Materiais: C **21**(1): 151-155.

Bulut, Y., et al. (2007). "Estudos de equilíbrio e cinética para a adsorção de azul direto 71 de uma solução aquosa por cascas de trigo". Journal of Hazardous Materials **144**(1-2): 300-306.

Calvete, T., et al. (2010). "Aplicação de adsorventes de carbono preparados a partir da casca do fruto do pinheiro-brasileiro para a remoção de laranja reactiva 16 de uma solução aquosa: Estudos cinéticos, de equilíbrio e termodinâmicos". Journal of Environmental Management **91**(8): 1695-1706.

Cardoso, N. F., et al. (2011). "Aplicação da casca do cupuaçu como biossorvente para a remoção de corantes têxteis de solução aquosa." Journal of Environmental Management **92**(4): 1237-1247.

Cardoso, N. F., et al. (2012). "Comparação de microalgas *Spirulina platensis* e carvão ativado comercial como adsorventes para a remoção do corante Reactive Red 120 de efluentes aquosos." Journal of Hazardous Materials **241-242**: 146-153.

Carrott, P., et al. (1991). "Adsorção física de gases por carbonos microporosos". Colloids and surfaces **58**(4): 385-400.

Carrott, P., et al. (2003). "Preparação de carvões activados a partir de cortiça por ativação física em dióxido de carbono". Adsorpt. Sci. Technol. **21**(7): 669-681.

Carrott, P., et al. (2000). "Dados de referência para a adsorção de benzeno em materiais de carbono". Carbono **38**(3): 465474.

Cengiz, S. e L. Cavas (2008). "Remoção de azul de metileno por algas marinhas invasoras: *Caulerpa racemosa* var. *cylindracea*". Bioresource Technology **99**(7): 2357-2363.

Chakraborty, S., et al. (2011). "Adsorção de Crystal Violet de uma solução aquosa em casca de arroz modificada com NaOH". Carbohydrate Polymers **86**(4): 1533-1541.

Chan, L., et al. (2009). "Separação de mistura de corantes ácidos por carbono ativo derivado de bambu". Sep. Purif. Technol. **67**(2): 166-172.

Chen, A.-H. e Y.-Y. Huang (2010). "Adsorção de Remazol Black 5 a partir de uma solução aquosa por quitosanos reticulados modelados". Journal of Hazardous Materials **177**(1): 668-675.

Chen, B., et al. (2001). "Modelação da difusão filme-poro e otimização do tempo de contacto para a adsorção de corantes na medula". Chemical Engineering Journal **84**(2): 77-94.

Chen, B. Y., et al. (2006). "Explorando estratégias de bioaumentação para descoloração de azo-corantes usando um consórcio misto de < i> Pseudomonas luteola </i> e < i> Escherichia coli </i>." Process Biochemistry **41**(7): 15741581.

Chen, W., et al. (2013). "Pós de carbono ativado a partir de fibras de lã". Powder Technology **234**: 76-83.

Chiou, M. S., et al. (2004). "Adsorção de corantes aniónicos em soluções ácidas utilizando esferas de quitosano quimicamente reticuladas". Dyes and Pigments **60**(1): 69-84.

Chiou, M. S. e H. Y. Li (2002). "Equilíbrio e modelação cinética da adsorção de corante reativo em esferas de quitosano reticulado". Journal of Hazardous Materials **93**(2): 233-248.

Chou, K. S., et al. (2001). "A adsorção de vermelho Congo e óleo de bomba de vácuo por cinza de casca de arroz". Bioresource Technology **78**(2): 217-219.

Choy, K. K. H., et al. (1999). "Sorção de corantes ácidos de efluentes utilizando carvão ativado". Recursos, Conservação e Reciclagem **27**(1): 57-71.

Choy, K. K. H., et al. (2000). "Modelos de isoterma de Langmuir aplicados à sorção multicomponente de corantes ácidos de efluentes em carvão ativado". Journal of Chemical & Engineering Data **45**(4): 575-584.

Christie, R. M. (2007). Environmental aspects of textile dyeing (Aspectos ambientais do tingimento de têxteis). [Manchester]; Boca Raton [etc.]; Cambridge, Textile Institute ; CRC Press ; Woodhead Publishing.

Chu, H. e K. Chen (2002). "Reutilização de biomassa de lamas activadas: I. Remoção de corantes básicos de águas residuais por biomassa". Process Biochemistry **37**(6): 595-600.

Chu, H. e K. Chen (2002). "Reutilização da biomassa de lamas activadas: II. Os processos de taxa para a adsorção de corantes básicos na biomassa". Process Biochemistry **37**(10): 1129-1134.

Chuah, T., et al. (2005). "Rice husk as a potentially low-cost biosorbent for heavy metal and dye removal: an overview." Desalination **175**(3): 305-316.

Crini, G. (2006). "Adsorventes não convencionais de baixo custo para a remoção de corantes: A review". Bioresource Technology **97**(9): 1061-1085.

Davis, T. A., et al. (2003). "Uma revisão da bioquímica da biossorção de metais pesados por algas castanhas". Water Research **37**(18): 4311-4330.

de Andrade, F. V., et al. (2012). "Uma abordagem versátil para tratar resíduos aquosos da indústria têxtil: A degradação fotocatalítica do corante Índigo Carmim empregando o sistema concreto celular autoclavado/Fe2O3." Chemical Engineering Journal **180**(0): 25-31.

Demir, H., et al. (2008). "Comportamento de adsorção de corante das fibras *de Luffa cylindrica*". Journal of Hazardous Materials **153**(1-2): 389-394.

Demirbas, A. (2009). "Carvões activados de base agrícola para a remoção de corantes de soluções aquosas: A review". Journal of Hazardous Materials **167**(1-3): 1-9.

Deniz, F. e S. Karaman (2011). "Remoção do corante Basic Red 46 de uma solução aquosa por folhas de pinheiro". Chemical Engineering Journal **170**(1): 67-74.

Deniz, F., et al. (2011). "Biossorção de um corante básico modelo em *Pinus brutia Ten.*: Avaliação de dados de equilíbrio, cinéticos e termodinâmicos." Desalination **270**(1-3): 199-205.

Deniz, F. e S. D. Saygideger (2010). "Investigação das caraterísticas de adsorção do Basic Red 46 no gesso: Estudos de equilíbrio, cinéticos e termodinâmicos". Desalination **262**(1-3): 161-165.

Dhaouadi, H. e F. M'Henni (2008). "Descoloração de efluentes de fábricas têxteis utilizando lamas de esgoto desidratadas em bruto". Chemical Engineering Journal **138**(1): 111-119.

Dod, R., et al. (2012). "Adsorção de azul de metileno usando cascas de ervilha verde (*Pisum sativum*): Uma opção económica para o tratamento de águas residuais à base de corantes". Biotecnologia e Engenharia de Bioprocessos **17**(4): 862-874.

Dogan, M. e M. Alkan (2003). "Remoção de violeta de metilo de uma solução aquosa por perlite".

Journal of Colloid and Interface Science **267**(1): 32-41.
Doulati Ardejani, F., et al. (2008). "Adsorção do corante Diret Red 80 de uma solução aquosa em cascas de amêndoa: Efeito do pH, da concentração inicial e do tipo de casca". Journal of Hazardous Materials **151**(2): 730-737.
El Qada, E. N., et al. (2006). "Adsorção de azul de metileno em carvão ativado produzido a partir de carvão betuminoso ativado a vapor: A study of equilibrium adsorption isotherm." Chemical Engineering Journal **124**(1-3): 103-110.
Eren, Z. e F. N. Acar (2007). "Equilíbrio e mecanismo cinético para a sorção de Reactive Black 5 em cinzas volantes de Soma com alto teor de cal." Journal of Hazardous Materials **143**(1): 226-232.
Ertugrul, S., et al. (2009). "Tratamento de corante (Remazol Blue) e metais pesados utilizando células de levedura com o objetivo de gerir águas residuais têxteis poluídas." Engenharia Ecológica **35**(1): 128-134.
Espantaleon, A., et al. (2003). "Utilização de argilas activadas na remoção de corantes e surfactantes de águas residuais de curtumes". Appl. Clay Sci. **24**(1): 105-110.
Fan, L., et al. (2012). "Síntese e caraterização de nanopartículas magnéticas de P-ciclodextrina-quitosana como nanoadsorventes para remoção de azul de metila". International Journal of Biological Macromolecules **50**(2): 444-450.
Fan, L. L., et al. (2012). "Fabrico de novo quitosano magnético enxertado com óxido de grafeno para melhorar as propriedades de adsorção do azul de metilo". Journal of Hazardous Materials **215**: 272-279.
Farah, J. Y., et al. (2007). "Biosorção do corante básico Astrazone Blue de uma solução aquosa utilizando biomassa seca de levedura de Baker". Journal of Hazardous Materials **148**(1): 402-408.
Ferrero, F. (2007). "Remoção de corante por adsorventes de baixo custo: Cascas de avelã em comparação com serradura de madeira". Journal of Hazardous Materials **142**(1-2): 144-152.
Figueiredo, S., et al. (2000). "Remoção de cor com adsorventes naturais: modelação, simulação e experimentação". Sep. Purif. Technol. **20**(1): 129-141.
Fiorentin, L. D., et al. (2010). "Biossorção do corante reativo azul 5G no bagaço de laranja em sistema de batelada: Modelagem cinética e de equilíbrio". Chem. Eng. J. **163**(1-2): 68-77.
Forgacs, E., et al. (2004). "Remoção de corantes sintéticos de águas residuais: uma revisão". Ambiente internacional **30**(7): 953-971.
Franca, A. S., et al. (2009). "Estudos cinéticos e de equilíbrio da adsorção de azul de metileno por borras de café usadas". Dessalinização **249**(1): 267-272.
Fu, Y. e T. Viraraghavan (2000). "Remoção de um corante de uma solução aquosa pelo fungo *Aspergillus niger*". Revista de investigação da qualidade da água do Canadá **35**(1): 95-111.
Fu, Y. e T. Viraraghavan (2001). "Revisão por pares - Remoção de azul ácido CI 29 de uma solução aquosa por *aspergillus niger*." AATCC Review-Associação Americana de Químicos e Coloristas Têxteis **1**(1): 36-40.
Fu, Y. e T. Viraraghavan (2002). "Sítios de biossorção de corantes em Aspergillus niger". Bioresource Technology **82**(2): 139-145.
Gabaldon, C., et al. (2000). "Remoção de cádmio e cobre por um carvão ativado granular em sistemas de colunas de laboratório." Sep. Purif. Technol. **35**(7): 1039-1053.
Galán, J., et al. (2013). "Adsorção de corante reativo em um novo carbono mesoporoso". Chemical Engineering Journal **219**: 62-68.
Gao, B. Y., et al. (2007). "Remoção de cor de águas residuais contendo corantes por cloreto de magnésio". Journal of Environmental Management **82**(2): 167-172.
Garg, V., et al. (2003). "Dye removal from aqueous solution by adsorption on treated sawdust" [Remoção de corantes de soluções aquosas por adsorção em serradura tratada]. Bioresource Technology **89**(2): 121-124.
Gercel, Ö., et al. (2008). "Remoção de corante disperso de uma solução aquosa por um novo adsorvente preparado a partir de material vegetal de biomassa." Journal of Hazardous Materials **160**(2): 668-674.
Ghoreishi, S. e R. Haghighi (2003). "Reação química catalítica e oxidação biológica para o tratamento de efluentes têxteis não biodegradáveis". Chemical Engineering Journal **95**(1): 163-169.
Guibaud, G., et al. (2005). "Remoção de metais de sistemas equimolares mono e multimetálicos por polímeros extracelulares extraídos de lamas activadas, avaliada por polarografia SMDE." Process Biochemistry **40**(2): 661-668.
Gulnaz, O., et al. (2004). "Sorção de corantes básicos de uma solução aquosa por lamas activadas". Journal of Hazardous Materials **108**(3): 183-188.
Guo, Y., et al. (2003). "Adsorção de verde de malaquite em carvão ativo micro e mesoporoso à base de casca de arroz". Dyes and Pigments **56**(3): 219-229.

Gupta, G. e S. Shukla (1996). "Uma técnica de adsorção económica para o tratamento de efluentes de alcatifa com materiais de baixo custo". Adsorpt. Sci. Technol. **13**(1): 15-26.
Gupta, V., et al. (2005). "Remoção de corantes de águas residuais utilizando cinzas de fundo". Industrial & Engineering Chemistry Research **44**(10): 3655-3664.
Gupta, V., et al. (2008). "Adsorção de fucsina básica utilizando materiais residuais - cinzas de fundo e soja desoxidada - como adsorventes." Journal of Colloid and Interface Science **319**(1): 30-39.
Gupta, V., et al. (2004). "Cinética de adsorção e operações de coluna para a remoção e recuperação de verde malaquita de águas residuais usando cinzas de fundo." Sep. Purif. Technol. **40**(1): 87-96.
Gupta, V., et al. (2006). "Tratamento de adsorção e recuperação do corante perigoso, Brilliant Blue FCF, sobre cinzas de fundo e soja não oleada." J. Colloid Interface Sci. **293**(1): 16-26.
Gupta, V. K., et al. (2007). "Remoção do Reactofix amarelo dourado 3 RFN de uma solução aquosa utilizando casca de trigo - um resíduo agrícola." Journal of Hazardous Materials **142**(1): 443-448.
Gupta, V. K., et al. (2006). "Adsorção de um corante perigoso, eritrosina, sobre penas de galinha". Journal of Colloid and Interface Science **304**(1): 52-57.
Gupta, V. K. e T. A. Saleh (2013). "Sorção de poluentes por carbono poroso, nanotubos de carbono e fulereno - Uma visão geral." Ciência Ambiental e Pesquisa sobre Poluição **20**(5): 2828-2843.
Gupta, V. K., et al. (1997). "Equilíbrio de absorção, dinâmica de sorção, otimização de processos e operações em coluna para a remoção e recuperação de verde malaquite de águas residuais utilizando carvão ativado e escória activada." Industrial & Engineering Chemistry Research **36**(6): 2207-2218.
Gupta, V. K. e Suhas (2009). "Application of low-cost adsorbents for dye removal - A review." Journal of Environmental Management **90**(8): 2313-2342.
Gurses, A., et al. (2006). "Produção de carvão ativado granular a partir de resíduos de sementes de Rosa canina sp. e suas caraterísticas de adsorção de corante." Journal of Hazardous Materials **131**(1-3): 254-259.
Gurses, A., et al. (2004). "Determinação das propriedades de adsorção do sistema argila/água: sorção de azul de metileno". Journal of Colloid and Interface Science **269**(2): 310-314.
Hai, F. I., et al. (2007). "Sistemas de tratamento híbrido para águas residuais de corantes". Revisões críticas em ciência e tecnologia ambiental **37**(4): 315-377.
Hai, F. I., et al. (2008). "Remoção de corantes estruturalmente diferentes em reator de fungos de membrana submersa - Biosorção/PAC-adsorção, retenção de membrana e biodegradação." Journal of Membrane Science **325**(1): 395-403.
Hamdaoui, O. (2006). "Estudo em lote da adsorção em fase líquida de azul de metileno utilizando serradura de cedro e tijolo triturado". Journal of Hazardous Materials **135**(1-3): 264-273.
Hamdaoui, O. (2006). "Estudo em lote da adsorção em fase líquida de azul de metileno utilizando serradura de cedro e tijolo triturado". Journal of hazardous materials **135**(1): 264-273.
Hameed, B. (2009). "Resíduos de relva: A novel sorbent for the removal of basic dye from aqueous solution." Journal of Hazardous Materials **166**(1): 233-238.
Hameed, B. (2009). "Remoção de corante catiónico de uma solução aquosa utilizando casca de jaca como adsorvente não convencional de baixo custo." Journal of Hazardous Materials **162**(1): 344-350.
Hameed, B. (2009). "Folhas de chá gastas: Um novo adsorvente não convencional e de baixo custo para a remoção de corantes básicos de soluções aquosas". Journal of Hazardous Materials **161**(2): 753-759.
Hameed, B., et al. (2007). "Adsorção de corante básico (azul de metileno) em carvão ativado preparado a partir de serradura de vime". Dyes and Pigments **75**(1): 143-149.
Hameed, B. e M. El-Khaiary (2008). "Remoção em lote de verde de malaquite de soluções aquosas por adsorção em fibra de tronco de palmeira de óleo: isotérmicas de equilíbrio e estudos cinéticos." Journal of Hazardous Materials **154**(1): 237244.
Hameed, B. H. (2009). "Avaliação das sementes de papaia como um novo adsorvente não convencional de baixo custo para a remoção de azul de metileno". Journal of Hazardous Materials **162**(2-3): 939-944.
Han, R., et al. (2009). "Adsorção de azul de metileno por pó de folha de árvore de fénix numa coluna de leito fixo: experiências e previsão de curvas de rutura." Dessalinização **245**(1-3): 284-297.
Hasnain Isa, M., et al. (2007). "Remoção de baixo custo de corantes dispersos de solução aquosa usando cinza de palma". Dyes and Pigments **74**(2): 446-453.
Hernandez-Montoya, V., et al. (2013). "Adsorção competitiva de corantes e metais pesados em estruturas zeolíticas". Journal of Environmental Management **116**: 213-221.
Ho, Y.-S. e G. McKay (2003). "Sorção de corantes e iões de cobre em biossorventes". Process Biochemistry **38**(7): 1047-1061.
Ho, Y. e C. Chiang (2001). "Estudos de sorção de corante ácido por sorventes mistos". Adsorção

7(2): 139-147.
Ho, Y. e G. McKay (1998). "Modelos cinéticos para a sorção de corante de solução aquosa por madeira". Trans. IChemE **76**: 183-191.
Ho, Y. e G. McKay (1998). "Sorção de corante de solução aquosa por turfa". Chemical Engineering Journal **70**(2): 115-124.
Ho, Y. S., et al. (2005). "Remoção de corante básico de solução aquosa utilizando o xaxim como biossorvente". Process Biochemistry **40**(1): 119-124.
Houbhouse, H. (1985). "Sementes da Mudança: Five Plants That Transformed Mainkind" [Cinco plantas que transformaram a humanidade]. Harper and Row Publishers, Newyork: 252 p.
Hsu, T. C. e C. S. Chiang (1997). "Tratamento por lamas activadas de águas residuais de fábricas de corantes dispersas". Journal of Environmental Science & Health Part A **32**(7): 1921-1932.
Hu, Q., et al. (2006). "Estudo de adsorção para remoção de corante vermelho básico utilizando bentonite". Industrial & Engineering Chemistry Research **45**(2): 733-738.
Hunger, K. (2003). "Corantes industriais: química, propriedades, aplicações". Recherche **67**: 02.
Husain, Q. (2006). "Potenciais aplicações das enzimas oxidorredutoras na descoloração e desintoxicação de têxteis e outros corantes sintéticos de águas poluídas: uma revisão". Revisões críticas em biotecnologia **26**(4): 201221.
Iqbal, M. e A. Saeed (2007). "Biossorção de corante reativo por biomassa fúngica imobilizada em esponja de loofa de *Phanerochaete chrysosporium*". Process Biochemistry **42**(7): 1160-1164.
Jain, A., et al. (2003). "Utilização de produtos de resíduos industriais como adsorventes para a remoção de corantes". Journal of Hazardous Materials **101**(1): 31-42.
Jain, A., et al. (2003). "A comparative assessment of adsorbents prepared from industrial wastes for the removal of cationic dye" (Avaliação comparativa de adsorventes preparados a partir de resíduos industriais para a remoção de corantes catiónicos). Journal of the Indian Chemical Society **80**(4): 267-270.
Jain, A., et al. (2003). "Um estudo comparativo de adsorventes preparados a partir de resíduos industriais para a remoção de corantes. Sep. Purif Technol. **38**(2): 463-481.
Jalil, A. A., et al. (2010). "Adsorção de alaranjado de metilo de uma solução aquosa em lama vulcânica Lapindo calcinada". Journal of Hazardous Materials **181**(1-3): 755-762.
Janaki, V., et al. (2012). "Adsorção competitiva de laranja reativo 16 e azul brilhante reativo r em polianilina/composto de polissacarídeos extracelulares bacterianos - um novo polímero ecológico." Jornal de materiais perigosos.
Janos, P., et al. (2003). "Sorção de corantes de soluções aquosas em cinzas volantes". Water Research **37**(20): 49384944.
Jesus, A., et al. (2011). "Utilização de humina como material alternativo para adsorção/dessorção de corantes reactivos". Desalination **274**(1): 13-21.
Jesus, A. M. D., et al. (2011). "Utilização de humina como material alternativo para adsorção/dessorção de corantes reactivos". Desalination **274**(1-3): 13-21.
Juang, R. S., et al. (2001). "Papel da microporosidade dos carvões activados nas suas capacidades de adsorção de fenóis e corantes". Adsorção **7**(1): 65-72.
Juang, R. S., et al. (2002). "Caracterização e utilização de carvões activados preparados a partir de bagaços para adsorção em fase líquida". Colloids and Surfaces A: Physicochemical and Engineering Aspects **201**(1): 191-199.
Kadirvelu, K., et al. (2003). "Utilização de vários resíduos agrícolas para a preparação de carvão ativado e aplicação na remoção de corantes e iões metálicos de soluções aquosas." Bioresource Technology **87**(1): 129132.
Kannan, C., et al. (2009). "Remoção de corantes de envenenamento de plantas por adsorção em raiz de planta de tomate e carbono verde de solução aquosa e sua recuperação." Dessalinização **249**(3): 1132-1138.
Kannan, N. e M. M. Sundaram (2001). "Cinética e mecanismo de remoção de azul de metileno por adsorção em vários carbonos - um estudo comparativo." Dyes and Pigments **51**(1): 25-40.
Kargl, F. e S. Ozmihci (2004). "Desempenho de biossorção de lamas activadas em pó para remoção de diferentes corantes". Enzyme and microbial technology **35**(2): 267-271.
Kaushik, C. P., et al. (2009). "Minimização da carga química orgânica em efluentes de corantes diretos utilizando adsorventes de baixo custo". Chemical Engineering Journal **155**(1-2): 234-240.
Kavitha, D. e C. Namasivayam (2007). "Estudos experimentais e cinéticos sobre a adsorção de azul de metileno por carvão de medula de coco". Bioresource Technology **98**(1): 14-21.
Khalaf, M. A. (2008). "Biosorção de corante reativo de águas residuais têxteis por biomassa não viável de *Aspergillus niger* e *Spirogyra sp*." Bioresource Technology **99**(14): 6631-6634.
Khalaf, M. A. (2008). "Biossorção de corante reativo de águas residuais têxteis por biomassa não

viável de Aspergillus niger e Spirogyra sp." Bioresource Technology **99**(14): 6631-6634.
Khattri, S. e M. Singh (2000). "Remoção de cor de águas residuais de corantes sintéticos utilizando um bioadsorvente". Water, Air, & Soil Pollution **120**(3): 283-294.
Khehra, M. S., et al. (2005). "Descoloração de vários corantes azo por consórcio bacteriano". Corantes e Pigmentos **67**(1): 55-61.
Khehra, M. S., et al. (2006). "Biodegradação do corante azoico CI Acid Red 88 por um bioreactor sequencial anóxico-aeróbio". Dyes and Pigments **70**(1): 1-7.
Kilduff, J. E. e C. J. King (1997). "Efeito das propriedades da superfície do adsorvente de carbono na absorção e regeneração do fenol por solvente". Industrial & Engineering Chemistry Research **36**(5): 1603-1613.
Kousha, M., et al. (2012). "Otimização da biossorção de CI Acid black 1 por< i> Cystoseira indica</i> e< i> Gracilaria persica</i> biomassas de soluções aquosas." International Biodeterioration & Biodegradation **67**: 56-63.
Kousha, M., et al. (2012). "Adsorção de corante laranja ácido II por macroalga castanha crua e quimicamente modificada *Stoechospermum marginatum*". Chemical Engineering Journal **192**: 67-76.
Kousha, M., et al. (2012). "Adsorção do corante Acid Orange II por macroalga marrom crua e quimicamente modificada < i> Stoechospermum marginatum </i>." Jornal de Engenharia Química.
Kousha, M., et al. (2012). "Otimização da biossorção de C.I. Acid black 1 por biomassas de *Cystoseira indica* e *Gracilaria persica* a partir de soluções aquosas." International Biodeterioration & Biodegradation **67**(0): 56-63.
Kumar, P. S., et al. (2011). "Remoção do corante azul de metileno de uma solução aquosa por carvão ativado preparado a partir da casca da castanha de caju como um novo adsorvente de baixo custo." Jornal Coreano de Engenharia Química **28**(1): 149-155.
Kumar, R. e R. Ahmad (2011). "Biossorção de corante violeta cristalino perigoso de solução aquosa em resíduos de gengibre tratados (TGW)." Desalination **265**(1): 112-118.
Lee, J. W., et al. (2006). "Avaliação do desempenho dos processos de adsorção e coagulação para a remoção máxima de corantes reactivos". Dyes and Pigments **69**(3): 196-203.
Lillo-Rodenas, M., et al. (2007). "Carvões activados preparados por pirólise de misturas de precursor de carbono/hidróxido alcalino". Journal of analytical and applied pyrolysis **80**(1): 166-174.
Lin, J., et al. (2008). "Adsorção de corante básico de solução aquosa em cinzas volantes". Journal of Environmental Management **87**(1): 193.
Liu, S., et al. (2004). "Regeneração fotocatalítica de carvão ativado esgotado saturado com fenol". Boletim de contaminação ambiental e toxicologia **73**(6): 1017-1024.
Low, L., et al. (2011). "Otimização das Condições de Adsorção para a Descoloração e Redução da DQO da Solução Aquosa de Azul de Metileno utilizando Adsorvente de Baixo Custo". Poluição da Água, Ar e Solo **214**(1): 185-195.
Lucas, M. S., et al. (2006). "Biodegradação do corante diazo Reactive Black 5 por um isolado selvagem de *Candida oleophila*". Tecnologia enzimática e microbiana **39**(1): 51-55.
Luo, X. e L. Zhang (2009). "Adsorção altamente eficaz de corantes orgânicos em pérolas magnéticas de celulose com carvão ativado". Journal of Hazardous Materials **171**(1-3): 340-347.
Magdy, Y. e A. Daifullah (1998). "Adsorção de um corante básico de soluções aquosas em lama da indústria açucareira em dois modos de operação." Waste Management **18**(4): 219-226.
Malhas, A. N., et al. (2002). "Remoção de detergentes de extractos de proteínas utilizando carvão ativado antes da análise imunológica." Journal of immunological methods **264**(1): 37-43.
Malik, P. (2003). "Utilização de carvões activados preparados a partir de serradura e casca de arroz para adsorção de corantes ácidos: um estudo de caso do Acid Yellow 36." Dyes and Pigments **56**(3): 239-249.
Malik, P. K. (2004). "Remoção de corantes de águas residuais utilizando carvão ativado desenvolvido a partir de serradura: equilíbrio de adsorção e cinética." Journal of Hazardous Materials **113**(1-3): 81-88.
Malik, R., et al. (2007). "Adsorção de verde de malaquite em resíduos de casca de amendoim à base de carvão ativado em pó". Waste Management **27**(9): 1129-1138.
Mall, I. D., et al. (2006). "Remoção de corantes Orange-G e Methyl Violet por adsorção em cinzas volantes de bagaço - estudo cinético e análises de isotermas de equilíbrio". Dyes and Pigments **69**(3): 210-223.
Mane, V. S. e P. V. V. Babu (2011). "Estudos sobre a adsorção do corante Verde Brilhante de uma solução aquosa em pó de serra tratado com NaOH de baixo custo". Desalination **273**(2-3): 321-329.
Mane, V. S., et al. (2007). "Utilização de cinzas volantes de bagaço como adsorvente para a remoção de corante verde brilhante de uma solução aquosa". Dyes and Pigments **73**(3): 269-278.

Martin, M. J., et al. (2003). "Carvões activados desenvolvidos a partir de lamas de depuração excedentárias para a remoção de corantes de soluções aquosas diluídas." Chemical Engineering Journal **94**(3): 231-239.
Maurya, N. S., et al. (2006). "Biossorção de corantes utilizando macrofungos mortos: Efeito da estrutura do corante, força iónica e pH". Bioresource Technology **97**(3): 512-521.
McKay, G., et al. (1981). "Processos de transporte na sorção de iões coloridos por partículas de turfa". Journal of Colloid and Interface Science **80**(2): 323-339.
McKay, G., et al. (1999). "A remoção de corantes de soluções aquosas por adsorção em materiais de baixo custo". Water, Air, & Soil Pollution **114**(3): 423-438.
McMullan, G., et al. (2001). "Descolonização microbiana e degradação de corantes têxteis". Microbiologia Aplicada e Biotecnologia **56**(1-2): 81-87.
Mendez, A., et al. (2007). "Remoção de verde de malaquite utilizando adsorventes à base de carbono". Desalination **206**(1): 147-153.
Meshko, V., et al. (2001). "Adsorção de corantes básicos em carbono ativado granular e zeólito natural". Water Research **35**(14): 3357-3366.
Mishra, A. e M. Bajpai (2006). "O desempenho de floculação da mucilagem de Tamarindus em relação à remoção de corantes diretos e de cuba". Bioresource Technology **97**(8): 1055-1059.
Mohamed, M. M. (2004). "Remoção de corante ácido: comparação de FSM-16 mesoporoso modificado com surfactante com carvão ativado derivado de casca de arroz". Journal of Colloid and Interface Science **272**(1): 28-34.
Mohan, D., et al. (2002). "Remoção de corantes de águas residuais usando flyash, um adsorvente de baixo custo." Industrial & Engineering Chemistry Research **41**(15): 3688-3695.
Mondal, S. (2008). "Methods of dye removal from dye house effluent-an overview" [Métodos de remoção de corantes de efluentes de tinturarias - uma visão geral]. Environmental Engineering Science **25**(3): 383-396.
Morais, L., et al. (1999). "Remoção de corantes reactivos de águas residuais por adsorção em casca de eucalipto: variáveis que definem o processo." Water Research **33**(4): 979-988.
Moreno-Castilla, C. (2004). "Adsorção de moléculas orgânicas de soluções aquosas em materiais de carbono". Carbono **42**(1): 83-94.
Muranaka, C. n. T., et al. (2009). "Regeneração de carvão ativado por oxidação (foto)-Fenton". Industrial & Engineering Chemistry Research **49**(3): 989-995.
Najm, I., et al. (1992). "Utilização de carvão ativado em pó: uma revisão crítica". Influence and Removal of Organics in Drinking Water (Influência e Remoção de Substâncias Orgânicas na Água Potável): 35-66.
Namasivayam, C. e D. J. S. E. Arasi (1997). "Remoção de vermelho congo de águas residuais por adsorção em lama vermelha residual". Chemosphere **34**(2): 401-417.
Namasivayam, C., et al. (2001). "'Waste'coir pith-a potential biomass for the treatment of dyeing wastewaters." Biomassa e Bioenergia **21**(6): 477-483.
Namasivayam, C. e D. Kavitha (2002). "Remoção do Vermelho Congo da água por adsorção em carvão ativado preparado a partir de fibra de coco, um resíduo sólido agrícola." Dyes and Pigments **54**(1): 47-58.
Namasivayam, C., et al. (1998). "Remoção de vermelho direto e azul brilhante ácido por adsorção na medula da banana". Bioresource Technology **64**(1): 77-79.
Namasivayam, C., et al. (2001). "Uptake of dyes by a promising locally available agricultural solid waste: coir pith." Waste Management **21**(4): 381-387.
Namasivayam, C. e S. Sumithra (2005). "Remoção de vermelho direto 12B e azul de metileno da água por adsorção em hidróxido de Fe (III)/Cr (III), um resíduo sólido industrial." Journal of Environmental Management **74**(3): 207-215.
Namasivayam, C. e R. Yamuna (1995). "Adsorption of direct red 12 B by biogas residual slurry: equilibrium and rate processes." Environmental Pollution **89**(1): 1-7.
Nassar, M. M. e Y. H. Magdy (1997). "Remoção de diferentes corantes básicos de soluções aquosas por adsorção em partículas de cacho de palmeira". Chemical Engineering Journal **66**(3): 223-226.
Nemr, A. E., et al. (2009). "Remoção de azul-86 direto de solução aquosa por novo carvão ativado desenvolvido a partir de casca de laranja." Journal of Hazardous Materials **161**(1): 102-110.
Netpradit, S., et al. (2004). "Adsorção de três corantes azo reactivos por lamas de hidróxido de metal: efeito da temperatura, pH e electrólitos." Journal of Colloid and Interface Science **270**(2): 255-261.
Netpradit, S., et al. (2004). "Avaliação de lamas de hidróxido de metal para adsorção de corantes reactivos num sistema de coluna de leito fixo". Water Research **38**(1): 71-78.
Nigam, P., et al. (2000). "Physical removal of textile dyes from effluents and solid-state

fermentation of dye- adsorbed agricultural residues" (Remoção física de corantes têxteis de efluentes e fermentação em estado sólido de resíduos agrícolas adsorvidos com corantes). Bioresource Technology **72**(3): 219-226.

Noroozi, B., et al. (2007). "Estudo de equilíbrio e de adsorção cinética de um corante catiónico por um adsorvente natural - pupa do bicho-da-seda". Journal of Hazardous Materials **139**(1): 167-174.

O'Neill, C., et al. (2000). "Degradação de corantes azóicos num sistema de tratamento anaeróbio-aeróbio que funciona com efluentes têxteis simulados." Applied Microbiology and Biotechnology **53**(2): 249-254.

O'Mahony, T., et al. (2002). "Biossorção de corantes reactivos por < i> biomassa de Rhizopus arrhizus</i>." Enzyme and microbial technology **31**(4): 456-463.

O'Mahony, T., et al. (2002). "Biossorção de corantes reactivos por biomassa de *Rhizopus arrhizus*". Enzyme and microbial technology **31**(4): 456-463.

Okada, K., et al. (2003). "Adsorption properties of activated carbon from waste newspaper prepared by chemical and physical activation." Journal of Colloid and Interface Science **262**(1): 194-199.

Okawa, K., et al. (2007). "Regeneração de carvão ativado granular com tricloroetileno adsorvido utilizando a oxidação por peróxido húmido." Water Research **41**(5): 1045-1051.

Oliveira, L. C. A., et al. (2007). "Resíduos sólidos da indústria do couro como adsorvente de corantes orgânicos em meio aquoso". Journal of Hazardous Materials **141**(1): 344-347.

Olsson, M. (2006). "Palha de trigo e turfa para pellets de combustível - compostos orgânicos da combustão". Biomassa e Bioenergia **30**(6): 555-564.

Osma, J. F., et al. (2007). "Cascas de sementes de girassol: Um adsorvente novo e eficaz de baixo custo para a remoção do corante diazo Reactive Black 5 de soluções aquosas." Journal of Hazardous Materials **147**(3): 900-905.

Otero, M., et al. (2003). "Eliminação de poluentes orgânicos da água utilizando adsorventes obtidos a partir de lamas de depuração". Dyes and Pigments **57**(1): 55-65.

Ozacar, M. e I. A. Sengil (2003). "Adsorção de corantes reactivos em alunite calcinada a partir de soluções aquosas". Journal of Hazardous Materials **98**(1-3): 211.

Ozacar, M. e I. A. Sengil (2005). "Adsorção de corantes de complexos metálicos de soluções aquosas por serradura de pinheiro". Bioresource Technology **96**(7): 791-795.

Özacar, M. e i. A. Sengil (2002). "Adsorção de corantes ácidos de soluções aquosas por alunite calcinada e carvão ativado granular". Adsorção **8**(4): 301-308.

Özacar, M. e i. A. Sengil (2006). "Um projeto de adsorvente descontínuo de duas fases para a remoção de azul de metileno para minimizar o tempo de contacto." Journal of Environmental Management **80**(4): 372-379.

Özcan, A., et al. (2006). "Estudos cinéticos, isotérmicos e termodinâmicos da adsorção de Acid Blue 193 de soluções aquosas em sepiolite natural." Colloids and Surfaces A: Physicochemical and Engineering Aspects **277**(1-3): 90-97.

Ozdemir, O., et al. (2004). "Comparação das caraterísticas de adsorção de corantes azo-reactivos em minerais mezoporosos". Dyes and Pigments **62**(1): 49-60.

Ozmihci, S. e F. Kargi (2006). "Utilização de lamas residuais em pó (PWS) para remoção de corantes têxteis de águas residuais por adsorção." Journal of Environmental Management **81**(3): 307-314.

Pala, A. e E. Tokat (2002). "Remoção de cor de águas residuais da indústria têxtil de algodão num sistema de lamas activadas com vários aditivos." Water Research **36**(11): 2920-2925.

Panda, G. C., et al. (2009). "Pó de pau de juta como biomassa potencial para a remoção de vermelho congo e rodamina B da sua solução aquosa." Journal of Hazardous Materials **164**(1): 374-379.

Parimalam, R., et al. (2012). "Remoção do Verde Ácido 25 da Solução Aquosa por Adsorção". E-Journal of Chemistry **9**(4): 1683-1698.

Pavan, F. A., et al. (2008). "Biossorção de azul de metileno de soluções aquosas por resíduos de maracujá amarelo". Journal of Hazardous Materials **15o**(3): 703-712.

Pearce, C. I., et al. (2003). "A remoção de cor de águas residuais têxteis utilizando células bacterianas inteiras: uma revisão". Dyes and Pigments **58**(3): 179-196.

Pelekani, C. e V. L. Snoeyink (2000). "Adsorção competitiva entre atrazina e azul de metileno em carvão ativado: a importância da distribuição do tamanho dos poros." Carbono **38**(10): 1423-1436.

Phan, N. H., et al. (2006). "Produção de carvões activados fibrosos a partir de fibras naturais de celulose (juta, coco) para aplicações de tratamento de água." Carbon **44**(12): 2569-2577.

Pinheiro, H., et al. (2004). "Aminas aromáticas provenientes da redução de corantes azóicos: revisão da situação com ênfase na deteção direta por espetrofotometria UV em águas residuais da indústria têxtil." Dyes and Pigments **61**(2): 121-139.

Ponnusami, V., et al. (2008). "Pó de folha de goiaba (*Psidium guajava*): Novo adsorvente para

remoção de azul de metileno de soluções aquosas." Journal of Hazardous Materials **152**(1): 276-286.
Poots, V., et al. (1976). "A remoção de corante ácido de efluentes usando adsorventes naturais - II madeira". Water Research **10**(12): 1067-1070.
Poots, V., et al. (1978). "Remoção de corante básico de efluentes usando madeira como adsorvente". Journal (Federação de Controlo da Poluição da Água): 926-935.
Rafatullah, M., et al. (2010). "Adsorção de azul de metileno em adsorventes de baixo custo: A review". Journal of Hazardous Materials **177**(1-3): 70-80.
Rauf, M. A., et al. (2009). "Estudos de adsorção de azul de toluidina de soluções aquosas em gesso". Chemical Engineering Journal **150**(1): 90-95.
Ravi, V., et al. (2006). "Descoloração de efluentes de destilaria utilizando poli (cloreto de vinilo) e ftalato de acetato de celulose como adsorventes." Journal of Macromolecular Science Part A: Pure and Applied Chemistry **43**(8): 12471254.
Ravikumar, K., et al. (2005). "Decolourização de soluções aquosas de corantes por um novo adsorvente: aplicação de desenhos estatísticos e gráficos de superfície para a otimização e análise de regressão." Journal of Hazardous Materials **122**(1): 75-83.
Rio, S., et al. (2005). "Metodologia de conceção experimental para a preparação de sorventes carbonosos a partir de lamas de depuração por ativação química - aplicação a tratamentos de ar e água." Chemosphere **58**(4): 423-437.
Robinson, T., et al. (2002). "Remoção de corantes de um efluente de corante têxtil sintético por biossorção em bagaço de maçã e palha de trigo". Water Research **36**(11): 2824-2830.
Robinson, T., et al. (2001). "Remediation of dyes in textile effluent: a critical review on current treatment technologies with a proposed alternative." Bioresource Technology **77**(3): 247-255.
Robinson, T., et al. (2001). "Remediation of dyes in textile effluent: a critical review on current treatment technologies with a proposed alternative." Bioresource Technology **77**(3): 247-255.
Rozada, F., et al. (2003). "Adsorção de corantes por carvões activados à base de lamas de depuração em sistemas descontínuos e de leito fixo". Bioresource Technology **87**(3): 221-230.
Russo, M., et al. (2010). "Adsorção de corantes ácidos em biomassa fúngica: Equilíbrio e caraterização cinética". Chemical Engineering Journal **162**(2): 537-545.
Saeed, A., et al. (2010). "Potencial de aplicação da casca de toranja como adsorvente de corantes: Cinética, equilíbrio e mecanismo de adsorção de violeta cristalino". Journal of Hazardous Materials **179**(1-3): 564-572.
SAFA ÖZCAN, A., et al. (2004). "Adsorção de Acid Blue 193 de soluções aquosas em Na-bentonite e DTMA-bentonite". Journal of Colloid and Interface Science **280**(1): 44-54.
Saha, P. D., et al. (2012). "Biossorção em lote e contínua (coluna de leito fixo) de violeta cristalina por pó de folha de *Artocarpus heterophyllus* (jaca)." Colloids and Surfaces B: Biointerfaces **92**(0): 262-270.
Salleh, M. A. M., et al. (2011). "Adsorção de corantes catiónicos e aniónicos por resíduos sólidos agrícolas: A comprehensive review". Desalination **280**(1): 1-13.
San Miguel, G., et al. (2002). "Adsorção de compostos orgânicos de solução por carvões activados produzidos a partir de resíduos de borracha de pneus". Sep. Purif. Technol. **37**(3): 663-676.
San Miguel, G., et al. (2001). "A regeneração de carvões activados granulares gastos no campo". Water Research **35**(11): 2740-2748.
Santhi, T., et al. (2011). "Um novo adsorvente alternativo para a remoção de corantes catiónicos de uma solução aquosa". Arabian J. Chem. ***No prelo***(0).
Santos, S. C. R., et al. (2008). "Lamas de hidróxido de metal residual como adsorvente de um corante reativo". Journal of Hazardous Materials **153**(3): 999-1008.
Saraya, E. S. I., et al. (2011). "Remoção de corantes diretos com pó de forno de cimento". Journal of Materials Science and Engineering B **1**(1): 97-105.
Sarayu, K. e S. Sandhya (2012). "Tecnologias actuais para o tratamento biológico de águas residuais têxteis - uma revisão". Bioquímica aplicada e biotecnologia: 1-17.
Senthilkumaar, S., et al. (2006). "Adsorção em fase líquida de violeta de cristal em carvões activados derivados de flores masculinas de coqueiro". Journal of Hazardous Materials **136**(3): 800-808.
Seredych, M. e T. J. Bandosz (2007). "Remoção de corantes catiónicos e iónicos em adsorventes compostos à base de lamas industriais e municipais". Industrial & Engineering Chemistry Research **46**(6): 1786-1793.
Shawabkeh, R. A. e M. F. Tutunji (2003). "Estudo experimental e modelação da sorção de corantes básicos por argila de diatomáceas". Appl. Clay Sci. **24**(1): 111-120.
Shen, D., et al. (2009). "Cinética de adsorção e isoterma de corantes aniónicos em organo-bentonite a partir de sistemas simples e multi-solutos." Journal of Hazardous Materials **172**(1): 99-107.
Singh, A., et al. (2012). "Descoloração do corante verde malaquita em células de levedura mortas

imobilizadas empregando projeto sequencial de experimentos." Engenharia Ecológica.
Singh, D. e B. Srivastava (1999). "Remoção de corantes básicos de soluções aquosas por folhas *de Psidium guyava* tratadas quimicamente". Indian Journal of Environmental Health **41**(4): 333-345.
Sivaraj, R., et al. (2001). "Casca de laranja como adsorvente na remoção de violeta ácido 17 (corante ácido) de soluções aquosas." Waste Management **21**(1): 105-110.
Sponza, D. T. e M. Isik (2005). "Desempenho do reator e destino das aminas aromáticas através da descoloração do corante Diret Black 38 em sequências anaeróbias/aeróbias." Process Biochemistry **40**(1): 35-44.
Srivastava, V. C., et al. (2007). "Adsorption thermodynamics and isosteric heat of adsorption of toxic metal ions onto bagasse fly ash (BFA) and rice husk ash (RHA)." Chemical Engineering Journal **132**(1): 267-278.
Su, Y., et al. (2012). "Comparação da capacidade de remoção de nutrientes e da capacidade de sedimentação da biomassa de quatro espécies de microalgas de elevado potencial". Bioresource Technology.
Sulak, M., et al. (2007). "Remoção de Astrazon Yellow 7GL de soluções aquosas por adsorção em farelo de trigo". Bioresource Technology **98**(13): 2590-2598.
Sun, Q. e L. Yang (2003). "A adsorção de corantes básicos de solução aquosa em partículas de turfa-resina modificadas". Water Research **37**(7): 1535-1544.
Taiwo, E. e A. Adesina (2005). "Regeneração eletroquímica de um carvão ativado nativo". Engenharia química e bioquímica trimestral **19**(3): 269-273.
Tamez Uddin, M., et al. (2009). "Adsorção de azul de metileno de solução aquosa por pó de folha de jaca (*Artocarpus heteropyllus*): Um estudo em coluna de leito fixo". Journal of Environmental Management **90**(11): 34433450. '
Tan, I., et al. (2008). "Preparação de carvão ativado a partir de casca de coco: Estudo de otimização da remoção de 2, 4, 6-triclorofenol utilizando a metodologia de superfície de resposta." Journal of Hazardous Materials **153**(1): 709-717.
Thinakaran, N., et al. (2008). "Estudos de equilíbrio e cinética sobre a remoção do Acid Red 114 de soluções aquosas utilizando carvões activados preparados a partir de cascas de sementes." Journal of Hazardous Materials **158**(1): 142-150.
Toh, Y. C., et al. (2003). "Descoloração de corantes azo por fungos de podridão branca (WRF) isolados em Singapura". Enzyme and microbial technology **33**(5): 569-575.
Toniazzo, L., et al. (2013). Biossorção de poluentes modelo em fase líquida em cascas de arroz cruas e modificadas.
Jornal de Física: Conference Series, IOP Publishing.
Tor, A. e Y. Cengeloglu (2006). "Remoção de vermelho congo de uma solução aquosa por adsorção em lama vermelha activada com ácido". Journal of Hazardous Materials **138**(2): 409-415.
Tsai, W., et al. (2001). "Adsorção de corante ácido em carvões activados preparados a partir de bagaço de resíduos agrícolas por ativação de ZnCl< sub> 2</sub>." Chemosphere **45**(1): 51-58.
Tsai, W. T. e H. R. Chen (2010). "Remoção de verde malaquite de uma solução aquosa utilizando biomassa de baixo custo à base de clorela". Journal of Hazardous Materials **175**(1): 844-849.
Tsai, W. T., et al. (2008). "Remoção de corante básico (azul de metileno) de águas residuais utilizando resíduos de fábricas de cerveja". Journal of Hazardous Materials **154**(1): 73-78.
Tseng, R. L., et al. (2003). "Adsorção em fase líquida de corantes e fenóis utilizando carvões activados à base de madeira de pinho". Carbono **41**(3): 487-495.
Turabik, M. (2008). "Adsorção de corantes básicos de sistemas de componentes simples e binários em bentonite: Análise simultânea de Basic Red 46 e Basic Yellow 28 pelo método de análise espectrofotométrica derivada de primeira ordem." Journal of Hazardous Materials **158**(1): 52-64.
Ulson de Souza, S. M. A. G., et al. (2007). "Toxicidade de corantes têxteis e sua degradação pela enzima horseradish peroxidase (HRP)". Journal of Hazardous Materials **147**(3): 1073-1078.
Valix, M., et al. (2004). "Preparação de carvão ativado utilizando carbonização a baixa temperatura e ativação física de bagaço cru com elevado teor de cinzas para adsorção de corantes ácidos." Chemosphere **56**(5): 493-501.
Venkata Mohan, S., et al. (2002). "Adsorptive removal of direct azo dye from aqueous phase onto coal based sorbents: a kinetic and mechanistic study." Journal of Hazardous Materials **90**(2): 189-204.
Venkataraman, k. (1965). "The Chemistry of Synthetic Dyes". Academic Press Inc., Nova Iorque.
Verma, A. K., et al. (2012). "Uma revisão das tecnologias de coagulação/floculação química para a remoção de cor de águas residuais têxteis". Journal of Environmental Management **93**(1): 154-168.
Vilar, V. J. P., et al. (2007). "Adsorção de azul de metileno por materiais à base de biomassa de algas: Caracterização dos biossorventes e comportamento do processo". Journal of Hazardous

Materials 147(1): 120-132.
Viraraghavan, T. e K. Ramakrishna (1999). "Cinzas volantes para remoção de cor de soluções de corantes sintéticos". Revista de investigação da qualidade da água do Canadá 34(3): 505-517.
Walker, G., et al. (2003). "Cinética da adsorção de um corante reativo em sorventes dolomíticos". Water Research 37(9): 2081-2089.
Wang, J. e C. Chen (2009). "Biossorventes para a remoção de metais pesados e o seu futuro". Biotechnology advances 27(2): 195-226.
Wang, J. P., et al. (2007). "Otimização do processo de coagulação-floculação para um tratamento de águas residuais de reciclagem de papel utilizando a metodologia de superfície de resposta." Colloids and Surfaces A: Physicochemical and Engineering Aspects 302(1): 204-210.
Wang, L. (2012). "Aplicação de carvão ativado derivado de caules de bambu 'resíduos' para a adsorção de corante azo disperso: Estudos cinéticos, de equilíbrio e termodinâmicos". Journal of Environmental Management 102: 7987.
Wang, L. e A. Wang (2007). "Caraterísticas de adsorção do Vermelho do Congo no nanocompósito quitosano/montmorilonite". Journal of Hazardous Materials 147(3): 979-985.
Wang, S., et al. (2005). "Remoção de corantes de soluções aquosas utilizando cinzas volantes e lama vermelha". Water Research 39(1): 129-138.
Wang, S., et al. (2012). "Adsorção sinérgica e competitiva de corantes orgânicos em nanotubos de carbono de paredes múltiplas". Chemical Engineering Journal 197: 34-40.
Wang, S. e H. Wu (2006). "Utilização benéfica para o ambiente de cinzas volantes como adsorventes de baixo custo". Journal of Hazardous Materials 136(3): 482-501.
Wanyonyi, W. C., et al. (2013). "Adsorção de corante azul de metileno de soluções aquosas usando *Eichhornia crassipes*." Boletim de contaminação ambiental e toxicologia: 1-5.
Waranusantigul, P., et al. (2003). "Cinética da biossorção de corante básico (azul de metileno) por lentilha-d'água gigante (*Spirodela polyrrhiza*)". Environmental Pollution 125(3): 385-392.
Weng, C. H. e M. C. Hsu (2008). "Regeneração de carvão ativado granular por um processo eletroquímico". Sep. Purif. Technol. 64(2): 227-236.
Wong, Y., et al. (2004). "Adsorção de corantes ácidos em análises de isoterma de equilíbrio de quitosana". Process Biochemistry 39(6): 695-704.
Wu, F. C., et al. (2000). "Adsorção comparativa de metal e corante em tipos de quitosanos em flocos e esferas preparados a partir de resíduos da pesca". Journal of Hazardous Materials 73(1): 63-75.
Yang, S.-T., et al. (2011). "Remoção de azul de metileno de solução aquosa por óxido de grafeno". Journal of Colloid and Interface Science 359(1): 24-29.
Yu, J.-x., et al. (2012). "Remoção de corantes catiónicos: magenta básico e azul de metileno de solução aquosa por adsorção em bucha modificada". Pesquisa em Intermediários Químicos: 1-16.
Yue, Q., et al. (2008). "Síntese de floculantes de poliamina e sua potencial utilização no tratamento de águas residuais de corantes". Journal of hazardous materials 152(1): 221-227.
Zhang, W., et al. (2012). "Remoção eficiente de corantes catiónicos e aniónicos de soluções aquosas utilizando um novo adsorvente anfotérico à base de palha." Carbohydrate Polymers 90(2): 887-893.
Zhang, Z., et al. (2011). "Adsorção de Vermelho Congo por bagaço de cana-de-açúcar moído com bolas". Chemical Engineering Journal 178(0): 122-128.
Zhang, Z., et al. (2013). "Estudo comparativo sobre a adsorção de dois corantes catiónicos por bagaço de cana-de-açúcar moído". Industrial Crops and Products 42(0): 41-49.
Zhu, H. Y., et al. (2011). "Remoção por adsorção de vermelho congo em compósito de celulose magnética/Fe3O4/carbono ativado: Estudos de equilíbrio, cinética e termodinâmica". Chemical Engineering Journal 173(2): 494-502.

MIX
Papier aus verantwortungsvollen Quellen
Paper from responsible sources
FSC® C105338

Printed by Books on Demand GmbH, Norderstedt / Germany